走进物理世界丛书

身边的力学

本书编写组◎编

ZOUJIN WULI SHIJIE CONGSHU

SHENBIAN DE LIXUE

这是一本以物理知识为题材的科普读物，内容新颖独特、描述精彩，以图文并茂的形式展现给读者，以激发他们学习物理的兴趣和愿望。

世界图书出版公司
广州 · 北京 · 上海 · 西安

图书在版编目（CIP）数据

身边的力学／《身边的力学》编写组编著．—广州
：广东世界图书出版公司，2009．12（2024.2 重印）
ISBN 978－7－5100－1629－5

Ⅰ．①身… Ⅱ．①身… Ⅲ．①力学－青少年读物
Ⅳ．①O3－49

中国版本图书馆 CIP 数据核字（2009）第 237639 号

书　　名	身边的力学 SHENBIAN DE LIXUE
编　　者	《身边的力学》编写组
责任编辑	程　静
装帧设计	三棵树设计工作组
出版发行	世界图书出版有限公司　世界图书出版广东有限公司
地　　址	广州市海珠区新港西路大江冲 25 号
邮　　编	510300
电　　话	020-84452179
网　　址	http://www.gdst.com.cn
邮　　箱	wpc_gdst@163.com
经　　销	新华书店
印　　刷	唐山富达印务有限公司
开　　本	787mm×1092mm　1/16
印　　张	10
字　　数	120 千字
版　　次	2009 年 12 月第 1 版　2024 年 2 月第 11 次印刷
国际书号	ISBN　978-7-5100-1629-5
定　　价	48.00 元

前 言

PREFACE

力学是物理学的一门分支学科，它研究的内容是广泛存在于自然界和生活中的各种形式的运动。运动需要有力提供动力之源，但是人们只能看到运动本身，而无法看到力的存在。从这一点来说，力就像一只无形之手，它左右着运动，但又不肯现出真身。正是由于这个原因，许多青少年朋友认为力学知识非常抽象，不易学习。

其实，力学并不抽象，它与人们的生活以及身边的一切结合得非常紧密，以致它就像一只无形之手一般，时时刻刻在人们的身边，时时刻刻发挥着巨大的作用。车辆的奔驰、物体的升降、机器的转动、日月星辰的运行等现象都是这只无形之手玩弄的把戏。

将在生活中或大自然中所观察到的这些现象与所学的力学知识结合起来，不但有助于提高广大青少年朋友理论联系实际，学以致用的能力，更能激发广大青少年朋友学习力学的兴趣。正所谓“兴趣是最好的老师”，只要对学习内容产生了浓厚的学习兴趣，学习过程对大家来说就是一种享受，而非负担了。

正是这个原因，我们组织编写了这本《身边的力学》，以大自然或生活中的一些有趣的现象为例，向广大青少年朋友介绍力学基础知识。在本书编写的过程中，我们尽量兼顾内容的知识性、科学性和趣味性，以严谨的态度和生动活泼的文字，把一些力学现象和理论知识结合起来，将其一一展示给广大青少年朋友。

为了更加形象直观地阐释力学知识，使小读者们更加容易理解，我们在

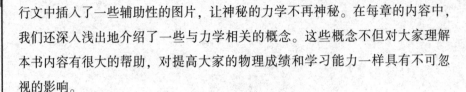

行文中插入了一些辅助性的图片，让神秘的力学不再神秘。在每章的内容中，我们还深入浅出地介绍了一些与力学相关的概念。这些概念不但对大家理解本书内容有很大的帮助，对提高大家的物理成绩和学习能力一样具有不可忽视的影响。

希望广大青少年朋友阅读了集趣味性和知识性于一体的本书后，能够体会到力学的魅力，提高学习力学的兴趣和能力！

Contents
目 录

自然界里的无形之手

伯努利原理揭示的秘密 …… 1
不再神秘的“虹吸泉” …… 3
静脉输液与大气压强 …… 4
物体形状与受力性能 …… 6
波澜壮阔的潮汐现象 …… 8
重力和万有引力的关系 …… 11
重量和地球的引力 …… 12
视在重量与真实重量 …… 14
神秘的失重现象 …… 15
比萨斜塔斜而不倒 …… 18
无处不在的摩擦力 …… 20
淹不死人的死海 …… 22
高层建筑引起的穿街风 …… 24
奇妙而有趣的惯性 …… 25
形影不离的孪生兄弟 …… 27
阻力救了飞行员的命 …… 29

生活中无处不在的力学

压力和压强的奥秘 …… 32

气功师玩的“压强”把戏 …… 34
压缩空气让水往高处流 …… 34
透光铜镜的秘密 …… 36
重心与稳定平衡 …… 37
始终保持水平状态的香炉 …… 40
巧妙利用重心的欹器 …… 41
骑不动的自行车与摩擦力 …… 43
车辆前进与摩擦力 …… 44
鱼洗喷水的秘密 …… 46
先上升后下降的肥皂泡 …… 48
生活中无处不在的惯性 …… 49
基色猎熊与剡溪捕鱼 …… 51
先沉后浮的汤圆 …… 52
雨衣与水的表面张力 …… 53
拔河比赛与摩擦力 …… 54
杂技表演中的力学 …… 57
乒乓球运动中的力学 …… 61
台球运动和力学知识 …… 63
民谚俗语中的力学知识 …… 68

创造奇迹的机械与力学

压缩空气的巨大作用 …… 70
大气压强与沸点 …… 72
大气压与宇航服 …… 73
千斤顶和水压机的威力 …… 75
自行车不倒的奥秘 …… 78
自行车与力学应用 …… 80
作用巨大的弹力 …… 81
不可小觑的弹簧 …… 82

火箭和卫星的升空原理 …… 85
挽救飞行员生命的降落伞 …… 88
风车与风力运用 …… 90
风力运用与航海事业 …… 92
利用太阳光压的太阳帆 …… 93
不会掉落的人造卫星 …… 94
楼房整体搬迁与摩擦力 …… 95
如何以小力发大力 …… 96
应力集中与事故预防 …… 98

身边的生物力学大家

海豚“随机应变”的皮肤 …… 101
利用浮力的鱼漂与潜水艇 …… 103
猫尾巴与转动惯量 …… 104
“海里火箭”带来的启示 …… 107
人体的骨杠杆运动 …… 108
牵牛花和蛇给欧拉的启示 …… 110
关羽何以能战功赫赫 …… 111
动物承重与骨质强度 …… 113
娴熟利用离心力的长臂猿 …… 114
动物的“力学头脑” …… 116
失败的骡子“自行”火炮 …… 117
蜘蛛的液压腿与液压传动 …… 118
鱿鱼的游泳速度与力学 …… 120
章鱼吸盘带来的启示 …… 121

科学家研究力学的故事

墨家最早发现浮力原理 …… 124
阿基米德巧辨假王冠 …… 126

曹冲借浮力称大象的体重 …… 130
文彦博巧借浮力取球 …… 133
怀丙和尚捞铁牛的故事 …… 134
著名的马德堡实验 …… 135
啤酒冒泡与气泡室的发明 …… 137
为了“日心说”而奋斗 …… 138
伽利略的比萨斜塔实验 …… 141
萨尔维阿蒂的大船 …… 142
开普勒及其揭示的三定律 …… 143
苹果落地和万有引力 …… 145
飞升高空的热气球 …… 150

自然界里的无形之手

ZIRANJIE LI DE WUXING ZHI SHOU

力就像一只无形之手，它操纵着所有的运动形式，并广泛地存在于自然界之中。在大部分的自然现象之中，我们都能找到它们的身影，如刮风、降雨等，都有力参与其中。

而且广泛存在于自然界中的这些力左右着自然界中种种的运动形式，看起来非常的神奇，如神秘的“虹吸泉”，忽来忽去的“穿街风”等。其实，它们并没有想象的那么高深莫测，都可以用我们所学的力学基础知识来分析。

分析自然界中的无形之手，不但可以激发我们学习物理的兴趣，还可以让我们更贴近自然，热爱自然，学会与大自然和谐相处。

伯努利原理揭示的秘密

1912 年秋天，在当时算是数一数二的远洋巨轮“奥林匹克”号，正在波浪滔滔的大海中航行着。很凑巧，离开这“漂浮的城市”100 米左右的海面

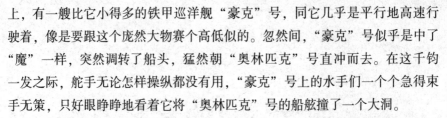

上，有一艘比它小得多的铁甲巡洋舰“豪克”号，同它几乎是平行地高速行驶着，像是要跟这个庞然大物赛个高低似的。忽然间，“豪克”号似乎是中了“魔”一样，突然调转了船头，猛然朝“奥林匹克”号直冲而去。在这千钧一发之际，舵手无论怎样操纵都没有用，“豪克”号上的水手们一个个急得束手无策，只好眼睁睁地看着它将“奥林匹克”号的船舷撞了一个大洞。

究竟是什么原因造成了这次意外的船祸？在当时，谁也说不上来，据说海事法庭在处理这件奇案时，也只得糊里糊涂地判处船长行驶不当呢！

后来，人们才算明白了，这次海面上的飞来横祸，是伯努利原理的现象。就是气体和液体都有这么一个“怪脾气”，当它们流动得快时，对旁侧的压力就小；流动得慢时，对旁侧的压力就大。这是物理学家丹尼尔·伯努利在1726年首先提出来的，因此就叫做伯努利原理。

当两条船并排航行时，由于它们的船舷中间流道比较狭窄，水流得要比两船的外侧快一些，因此两船内侧受到水的压力比两船的外侧小。这样，船外侧的较大压力就像一双无形的大手，将两船推向一侧，造成了船的互相吸引现象。“豪克”号船只小重量轻，突然就跑得更快些，所以看上去好像是它改变了航向，直向巨轮撞去。

同样道理，当刮风时，屋面上的空气流动得很快，等于风速，而屋面下的空气几乎是不流动的。根据伯努利原理，这时屋面下空气的压力大于屋面上的气压。要是风越刮越大，则屋面上下的压力差也越来越大。一旦风的等级超过一定程度，这个压力差就“哗”地一下掀起屋顶的茅草，使其七零八落地随风飘扬。正如我国唐朝著名诗人杜甫《茅屋为秋风所破歌》所说的那样：“八月秋高风怒号，卷我屋上三重茅。”所以，在火车飞速而来时，你决不可站在离路轨很近的地方，因为疾驶而过的火车对站在它旁边的人有一股很大的吸引力。有人测定过，在火车以50千米/小时的速度前进时，竟有78.4牛左右的力从身后把人推向火车。你瞧，这有多危险啊！

你现在明白了吧，为什么到水流湍急的江河里去游泳是很危险的事。有人计算了一下，当江心的水流以1米/秒的速度前进时，差不多有294牛的力在吸引着人的身体，就是水性很好的游泳能手也望而生畏，不敢随便游近呢！

知识点

风的等级

在天气预报中，常听到如“北风4到5级”之类的用语，此时所指的风力是平均风力；如听到“阵风7级”之类的用语，其阵风是指风速忽大忽小的风，此时的风力是指大时的风力。

风既有大小，又有方向，因此，风的预报包括风速和风向两项。风速的大小常用几级来表示。风的级别是根据风对地面物体的影响程度而确定的。在气象上，目前一般按风力大小划分为13个等级，对部分台风则分为17个等级。

风的等级是根据风速来划分的。从1~9风，以风的等级乘2就大致相当于该级风的风速了。譬如一级风的最大速度是每秒2米，2级风是每秒4米，3级风是每秒6米……依此类推。各级风之间还有过渡数字，比如一级风是每秒1~2米，2级风是每秒2~4米……

不再神秘的“虹吸泉”

出江西弋阳城30千米，可以看见一条狭窄的山谷，山坡上有一个小水池，面积约2平方米，水深不盈尺，清晰见底。如果你有兴趣，每隔数十分钟或数小时，对池水进行观察的话，就会发现一种奇异的现象。池水不是平静的，它和海潮一样，忽涨忽落；不同的是，涨时不知其来源，落时不知其去向。

在这奇异的自然现象面前，人们自古以来有许多传说。有的说池水一定是和大海相通的，有的说这是神仙在施行法术。但是它始终是一个谜。

在科学高度发展的今天，人们终于揭开了池水的秘密。原来这是一股特别的泉水，如果给它起个科学的名字，该叫它“虹吸泉”。

什么是“虹吸泉”？得先从“虹吸作用”讲起。你一定见过汽车司机叔叔给汽车加油的情况，他用一根弯曲的管子，一端插入桶内油面下；另一端放在桶外，管端低于油面。他设法使管子里充满汽油，然后打开下端管口，这时汽油自动被管子源源不断地吸出，自下端管口流入汽车油箱内。管子吸油的作用就称为“虹吸作用”，弯曲的管子称“虹吸管”。虹吸作用的发生是由于充满管子的汽油从下端放出时，管子里出现了近似真空的状态，气压骤降；大气压便将汽油压入管内，当汽油上升过弯曲顶端时，就被吸出。

“虹吸泉”的形成也是由于“虹吸作用”的关系。发现“虹吸泉”的山，是由石灰岩组成的。石灰岩的主要化学成分是碳酸钙，是比较容易被水溶解的一种岩石。在漫长的地质年代里，石灰岩不断被雨水溶蚀，加上其他地质因素的变化影响，在石灰岩的表面和内部，生成了许多溶洞、溶沟，它们的形态千变万化，无奇不有。在特定条件下，当溶洞和溶沟发育成满足虹吸条件的形状时，便出现了“虹吸泉”。

溶洞相当于贮有液体的容器；和溶洞相连的弯曲的溶沟相当于虹吸管。溶洞贮有上部地表渗透进来的水，当水面上升到溶沟弯曲处的顶端时，溶沟开始向外吸水，直到将洞内存有的水吸干为止；然后溶洞又继续进水……如此循环不已。当溶沟向外吸水时，露在地表外部的与溶沟相通的小池“虹吸泉”开始“涨潮”；溶洞存水被吸干时，就出现“落潮”。涨、落时间的长短，决定于溶洞积水的时间，一般来说，雨季积水时间快，旱季慢。

“虹吸泉”的形态独特，生成条件苛刻，因此只有在非常巧合的情况下才能形成，所以至今在国内外文献上有记载的很少。

“虹吸泉”以其稀罕、奇特的自然景象，为祖国的锦绣河山增色。

静脉输液与大气压强

静脉输液时，要求在输液过程中，保持滴点的速度几乎不变。通过观察封闭式静脉输液用的部分装置，结合气体压强、液体压强的知识我们不难说明其道理。

输液时，医生先将葡萄糖液瓶倒挂，然后将通气管上的通气针插入，这时通气管与葡萄糖液瓶内部连通，葡萄糖液有一部分进入通气管内。但我们注意到进入的量并不多，通气管内的液面远比葡萄糖液瓶内的液面要低。接着医生就把点滴玻璃管和输液管连好，然后将输液管通过针头与葡萄糖液瓶内部相连。调节橡皮管上的夹子，葡萄糖水就开始均匀地一滴一滴在点滴玻璃管内下落了。

首先，当插入通气管后，为什么通气管内的液面远低于葡萄糖液瓶内的液面。由于葡萄糖液瓶内的空气是密闭的，当通气管和葡萄糖液瓶内接通时，部分葡萄糖液已进入通气管，这样葡萄糖液瓶内部的液面就有所下降，瓶内空气的体积就会增大，压强就要减小。正是由于瓶内空气压强减小，小于外界大气压，所以导致了通气管内的液面与葡萄糖液瓶内液面之间出现了上述的高度差。

其次，我们来分析输液时葡萄糖液瓶内的压强情况：我们知道，液体压强是随深度增加而增大的。液体越深压强越大，这样液流速度就越快。在输液开始后，葡萄糖液瓶内的液面持续下降，瓶内空气压强减小，因而通气管内的液体由于受到外界稳定的大气压强的作用，很快被压回到葡萄糖液瓶内。当通气管（包括针头）内没有了葡萄糖液后，其针头顶端开口处的小液片就刚好在上下都是一个大气压强的作用下平衡。小液片的上部受到向下的压强是瓶内空气压强以及葡萄糖液产生的压强。小液片的下部受到向上的压强是外界大气压强。当瓶内液面继续下降而导致瓶内空气压强略有下降时，小液片就不再平衡，它让开一个

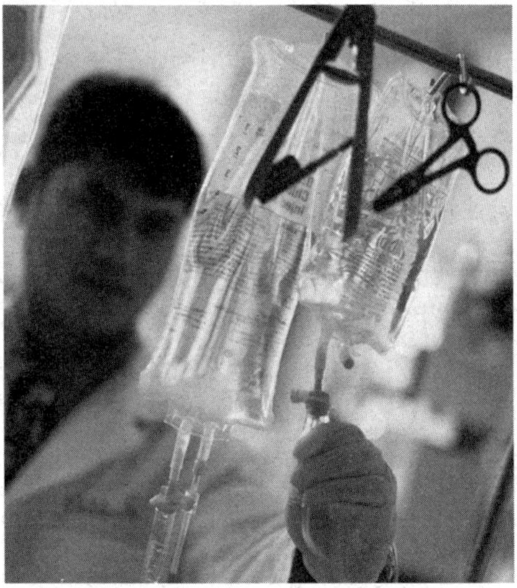

大气压强作用下的输液

“缺口”，气泡就冒上了瓶内空气之中。瓶内空气量增多，压强就稍有增大，通气管针头顶端开口处的小液片又在上下都是一个压强的作用下重新平衡。这样，在整个输液过程中，通气管针头顶端开口处的小液片受到的向下的压强基本保持在一个大气压强的水平，不会因瓶内液面的下降而变化。由于通气管针头顶端所处水平面液体的压强基本保持不变，因而在它下面一定距离的点滴玻璃管上端口液体的压强也基本保持不变。这样，就对稳定滴点速度起到了积极作用。

物体形状与受力性能

画家为了艺术上的需要，创作出令人赏心悦目的美术图案，物理学家为了承受力的需要，设计出耐人寻味的“力学图案”。

有一根梁，横截面为长方形，其高是宽的三倍，把梁的两端支承在两边的墙上，它具有一定的抗弯能力。假如把这根梁平放，即原来的宽成为高，原来的高成为宽，其抗弯能力竟是原来的1/9，横截面形状的不同，竟这么明显地影响着受力。

我国很早以前对形状与受力已有研究，在1103年宋朝李诫著有《营造法式》一书，书中对山上采伐下来的圆木作为矩形截面的梁，定为高度与宽度之比为3∶2，即高度与宽度之比为1.5∶1。根据现代材料力学计算，高度与宽度之比为1.41∶1，它们之间是如此的接近呀！对于一根梁，不同形状具有不同的抗弯能力。

在微观世界里，原子排列的形状决定着材料的受力性能，原子的排列形状决定着金属的本质。物质原子排列总共有14种，金属原子的排列一般有三种。体心立方结构：立方体各顶点有一个原子，中间还有一个原子，例如铬、钨、钼、常温下的铁；面心立方结构：立方体各顶点有一个原子，立方体的上、下、左、右、前、后八个面上各有一个原子，好像一堆乒乓球投入箱中，尽可能堆满堆紧，例如铜、镍、银、金、铅以及高温下的铁；六角密堆结构：

简单的六角晶胞（六角原子）中交替孔隙中放入3个原，如锌、镁、钛。不同的原子排列形状反映出不同的力学性质，对于同一种金属，根据温度、压力等因素也可以有不同的原子排列，工业上的热处理，有正火、淬火、回火、退火，其目的就是使金属具有不同的原子排列，以达到我们所需的硬度、脆性。

更有趣的是金刚石和石墨，它们都是碳的不同存在形式，石墨很容易滑移，用来作固体润滑剂。把石墨置于5万个大气压和1 300°C高温中，石墨转化为金刚石。由于这条件的苛刻，在地球的演化过程中，创造出的金刚石相当稀少；也由于这条件的苛刻，为人造金刚石带来了很多困难。直到20世纪50年代才开始采用熔媒法、直接加压法、外延法来制造金刚石。

金刚石是自然界中最硬的物质，可用做表、镶钻头、砂轮修正笔、硬度计的压硬头、车刀、玻璃刀、拉丝模、仪表支承轴，还可以作磨料、抛光粉等。金刚石和石墨，同是碳原子组成，由于原子排列形状的不同，它的性能却相差很悬殊！万丈高楼平地起，基础不深，建不起摩天楼。

我们的地球已经经历了多少亿万年，地球内部无论哪一点，受力都是平衡的。离地球表面10米深的地方，长年累月地承受着10米厚的土压力。离地面不同深度的不同点，承受着不同深度的土压力，越是深的地方承受的土压力越大。

摩天大楼的建造困难，主要是下沉带来的威胁。当挖去的土方重量相等于摩天大楼的重量，则建完的大楼不会使底面的土由于承受大楼重量而下沉。大楼越高越大，必须深挖土方越多，这样才能保证地球内土受力的平衡。所以，基础不深建不起摩天楼。

不过，人们都知道人在水上是站不住的，但站在木筏上则安全无恙。在建筑上有一种筏形基础，就是利用这个原理，在“筏”上造大楼。“筏”由一大片刚性薄的钢筋混凝土结构组成，这样，基础不深照样可以建起摩天大楼。

另外，人们常常把一根根钢筋混凝土桩打入土中，在桩顶建摩天大楼，大楼是依靠桩与土的摩擦力来承受大楼重量的。摩天大楼以美国纽约最多，世界贸易中心大厦总共110层，高度为410米，有84万平方米的办公面积，内设104部电梯，不愧为“城中之城”，如今却已不存在了。纽约摩天大楼之高之多，不单是美国建筑技术的先进，而且还因为纽约地下有得天独厚的花岗岩，把摩天大楼建在花岗岩上，那真是万无一失、固若金汤了。

知识点

坚硬的花岗岩

花岗岩是一种岩浆在地表以下凝却形成的火成岩，主要成分是长石和石英。因为花岗岩是深成岩，常能形成发育良好、肉眼可辨的矿物颗粒，因而得名。花岗岩不易风化，颜色美观，外观色泽可保持百年以上，由于其硬度高、耐磨损，除了用做高级建筑装饰工程、大厅地面外，还是露天雕刻的首选之材。

一般建造大型水利工程也选择水下为坚硬的花岗岩之地。我国三峡大坝的建设就得益于大坝底下的花岗岩。坚硬的花岗岩支撑起了整个三峡大坝的重量，外国科学家将该地的花岗岩称为“上帝赐给中国人的礼物”。因为如果没有该地的花岗岩，三峡大坝是根本无法建造起来的。

波澜壮阔的潮汐现象

在地球仪上，我们可以看到，人类所居住的这个地球，陆地彼此隔开，七零八落，而海水却连成一片，四通八达。海洋占地球表面的71%，而陆地只占地球表面的29%。要是有谁能像孙悟空那样，一个筋斗跳上云端，往下一看，整个地球尽收眼底，他准会说，这哪是“地球”呵，应该叫做“水球”才对呢。

地球上的海洋，辽阔无垠，水天相连，运动不息，变幻万千。它绚丽多姿，又有丰富的宝藏。在晶莹的海水中，孕育着无数珍奇的海底生物。因此，自古以来，便强烈地吸引着人们。无论什么时候，大海总在那里波动，似乎在不停地呼吸。有时候，和风细浪、微波起伏，有时候却是狂风怒号，惊涛骇浪。除了海面的波浪之外，海面每天还会按时降落，按时上涨。涨上来，落下去；落下去又涨上来。这就是海洋的“潮汐”现象。天天如此，历来如此。

如果你有机会到钱塘江口观看阴历初一或十五以后几天的“钱江潮”，你准会为大自然的壮观场面而赞叹！原先，江水还在缓缓地流淌着，江面上微波荡漾。当远处传来轰鸣的响声，观潮的人群便会异口同声地喊“来了，来了”。每只眼睛都向着下游平静的江面张望。只听见那响声越来越近，越来越响。顷刻之间，江面上出现一堵高达几丈的水墙，奔腾咆哮，逆河而上，地动山摇，势不可挡。水墙上的浪花如堆堆白雪，在那里急速地翻滚，又在那里急速地散开……“潮汐”现象的壮观场面，在沿海的港口和河口都可以看到。

壮观的钱塘江大潮

是谁制造“潮汐”这大自然的壮观场面？莫非是那位在海底深处水晶宫中的龙王在呼风唤雨，兴潮作浪？不是的。制造这壮观场面的，是万有引力。

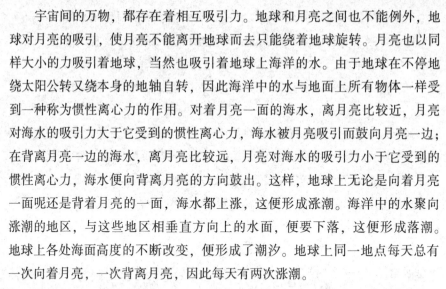

宇宙间的万物，都存在着相互吸引力。地球和月亮之间也不能例外，地球对月亮的吸引，使月亮不能离开地球而去只能绕着地球旋转。月亮也以同样大小的力吸引着地球，当然也吸引着地球上海洋的水。由于地球在不停地绕太阳公转又绕本身的地轴自转，因此海洋中的水与地面上所有物体一样受到一种称为惯性离心力的作用。对着月亮一面的海水，离月亮比较近，月亮对海水的吸引力大于它受到的惯性离心力，海水被月亮吸引而鼓向月亮一边；在背离月亮一边的海水，离月亮比较远，月亮对海水的吸引力小于它受到的惯性离心力，海水便向背离月亮的方向鼓出。这样，地球上无论是向着月亮一面呢还是背着月亮的一面，海水都上涨，这便形成涨潮。海洋中的水聚向涨潮的地区，与这些地区相垂直方向上的水面，便要下落，这便形成落潮。地球上各处海面高度的不断改变，便形成了潮汐。地球上同一地点每天总有一次向着月亮，一次背离月亮，因此每天有两次涨潮。

我们会想，太阳对地球也有引力作用，太阳也应该使地球上形成潮汐现象。我们清楚，太阳离地球比月亮离地球远得很多，但太阳的质量却比月亮的质量大很多。因此，太阳对潮汐现象的影响也是颇为可观的。

当月亮和太阳联合起来吸引地球上的海水，潮汐现象便会更加厉害。当月亮全部躲藏起来时，正是阴历初一，月亮转到太阳与地球之间。从地球来看，太阳和月亮在同一方向。处于同一方向的月亮和太阳，联合起来吸引海水，这便使得海水向两面鼓得更厉害了。当一轮明月圆如镜之时，正是阴历十五。从地球看来，月亮和太阳转到相反的方向。这时，处于地球两侧的月亮和太阳，联合起来兴潮作浪，同样使两头的海水向两面鼓得非常厉害。这就是阴历初一和十五潮汐现象特别厉害的原因。这时所产生的潮汐现象，称为“大潮”。

当月亮和太阳对潮汐的影响部分抵消时，潮汐现象当然就显得平静些。每当阴历初七八或二十二三，从地球看来，月亮和太阳的位置，大约互成90°。这时就出现月亮和太阳所引起的潮汐有一部分抵消的情况，所以这段时间的潮汐现象比较小些。这时的潮汐，称为“小潮”。难怪只有在阴历每月的初一和十五前后几天，潮汐现象才特别壮观，也难怪人们总爱选择这个时期去观潮。

在观赏潮汐的壮观场面时，我们不要忘记感谢万有引力的功绩。当然潮汐现象给人类带来的好处远远不仅限于观赏。每当涨潮过去，海水下落，在海滩上，正是渔民们的大忙时光。他们忙着采集丰富多彩的海产品，拣起那美丽的贝壳，捉住那拼命爬行的螃蟹，抓住那些来不及跟海水一起退回大海的鱼、虾……这时的海滩，呈现出一片繁忙的欢乐景象。

潮汐现象还给人类带来廉价的动力资源。每天海水自然涨落两次，蕴藏着巨大的能量。人们巧妙地利用它来发电，向大海索取电力。在海水涨落比较大的海边建上几道闸门，当海水上涨海面升高，闸门打开。海水自动向内流进，水流冲动水轮机，带动发电机便可发出电来。当潮水开始要下落时，关掉原先的闸门，打开另外的闸门，水向外流出，又可以推动水轮机，带动发电机发电。你想，我们的国家，海岸线长，仅在潮汐中就蕴藏着巨大的能量。如果能充分利用，那是相当可观的。近些年来，已建成了不少潮汐发电站，开始向潮汐索取电力。大门既然已经打开，大海向我们提供能量的前景将越来越宽。

重力和万有引力的关系

在一般使用上，常把重力看做近似等于万有引力。但实际上重力是万有引力的一个分力。重力之所以是一个分力，是因为我们在地球上与地球一起运动，这个运动可以近似看成匀速圆周运动。我们作匀速圆周运动需要向心力，在地球上，这个力由万有引力的一个指向地轴的一个分力提供，而万有引力的另一个分力就是我们平时所说的重力了。

在物理学上，万有引力或重力是指具有质量的物体之间加速靠近的趋势。万有引力即重力相互作用是自然界的四大基本相互作用之一，另外三种相互作用分别是电磁相互作用、弱相互作用及强相互作用，万有引力是上述相互作用中作用力最微弱的。在经典力学中，万有引力被认为来源于重力的力的作用。在广义相对论上，万有引力来源于存在质量对时空的扭曲，而不是一

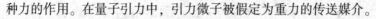

种力的作用。在量子引力中，引力微子被假定为重力的传送媒介。

在地球上重力的吸引作用赋予物体重量并使它们向地面下落。此外，万有引力是太阳和地球等天体之所以存在的原因，没有万有引力天体将无法相互吸引形成天体系统，而我们所知的生命形式也将不会出现。万有引力同时也使地球和其他天体按照它们自身的轨道围绕太阳运转，月球按照自身的轨道围绕地球运转，形成潮汐，以及其他我们所观察到的各种各样的自然现象。

由于地球的吸引而使物体受到的力，叫做重力。方向竖直向下。地面上同一点处物体受到重力的大小跟物体的质量 m 成正比，用关系式 $G = mg$ 表示。通常在地球表面附近，g 取值为 9.8 牛/千克，表示质量是 1 千克的物体受到的重力是 9.8 牛。(9.8 牛是一个平均值。)

物体的各个部分都受重力的作用。但是，从效果上看，我们可以认为各部分受到的重力作用都集中于一点，这个点就是重力的作用点，叫做物体的重心。重心的位置与物体的几何形状及质量分布有关。形状规则，质量分布均匀的物体，其重心在它的几何中心，但是重心的位置不一定在物体之上。

重量和地球的引力

我们的周围，有各种各样的物体。比如，晶莹透亮的水，细长的大头针，扁平状的铅笔盒，精致的钟表，随风飘扬的彩旗，庞大的起重机，轰鸣的机器，破土而出的幼苗，嗷嗷待哺的小鸟……这些五花八门、令人眼花缭乱的各种物体，无论其大小、形状如何，也无论其是否有生命，都具有重量，这是大家所熟知的事实。即使那看不见摸不着的空气，也是具有重量的。

我们知道，任何物体之间都存在万有引力。不可例外，地球对居住在它上面的所有物体也都有吸引力存在。地球对物体的吸引力叫做重力。重力的大小就是重量，而重力的方向就是垂直方向。

经常有人说，物体的重量是随物体所在位置的不同而变化的，这种说法对吗？

由万有引力定律告诉我们，万有引力与物体之间距离的平方成反比。地球对任一个物体的吸引力也要服从这个规律。物体离地面越高，与地心的距离越远，地球对它的吸引力就越小。这样看来，上面的那种说法是完全正确的。将同一个物体分别置于世界屋脊——喜马拉雅山上和海平面上，用灵敏的秤来测量，便能发现，测出的重量是有差别的。一个 60 千克重的人乘坐飞船到离地面 6 400 千米的高空，这时，他所受到的地球对他的吸引力只有 147 牛。原来，地球的半径大约等于 6 400 千米，当人到达6 400千米的高空时，他离地心 12 800 千米，是地球半径的两倍，换句话说，是人处于地面时离地心距离的两倍。而由万有引力定律知道，引力与两物体的质量成正比，与它们之间距离的平方成反比。无论人处于地面或高空时，人的质量都是一样的，地球的质量也不会发生变化，但人离地心的距离却变化了，变为处于地面时的两倍，这样地球对他的引力就要减到原来处于地面时引力的四分之一。这个人在地面时重力是 588 牛，到 6 400 千米高空时，地球对他的引力的大小便只有 147 牛了。

很明显，离地面的高度越高，物体的重量越小。但由这一点，你不要以为离地心越近，物体的重量就越大。在地面以下，由于地球的质量不能再看成是集中在球心了，所以并不是物体离球心越近，重量越大。由计算可以得出结论，在地面以下，物体离地心越近，重量越小。

即使都处于地球表面，同一个物体的重量也是略有差别的。同一物体放在高山上的重量比放在海平面上的重量轻。另外，由于地球并不严格是一个球体，而是一个椭球体，赤道略微向外鼓出来，两极略微扁一些，这就使得同一物体在赤道上比在两极处要轻一些。

如果把人送到月球上，人要受到月球对他的引力。引力的大小就是他在月亮上的重量。由于月亮的质量和半径与地球的质量和半径不同，所以物体在月亮上的重量跟在地球上的重量也不一样，由计算可以知道，人在月球上的重量只有在地球上重量的六分之一。要是让你到月宫上去遨游，你就会有轻飘飘的感觉。稍为一蹬，你便可以蹦得老高。在广寒宫里，要是跳高的话，你的本领将比在地球上要大很多。其实，这是由于月亮对你的引力比你在地球上地球对你的引力小得多的缘故。因此，你不必大惊小怪。

视在重量与真实重量

商店里，每天人来人往。每逢节假日，更是熙熙攘攘，热闹非凡。售货员接待顾客，向顾客介绍商品。顾客需要的水果、糖块，往秤盘上一放，称出重量，便可算出价钱。

不仅水果、糖块需要用秤来称重量，在日常生活中，凡是要知道物体的重量，都要用秤来称量。那么，我们要问，物体的重量是怎么称出来的呢？测量物体的重量是这样进行的：将待测重量的物体放在磅秤上，让物体相对于磅秤静止，平衡时磅秤的读数就是待测物体的重量。测量时，物体要相对于磅秤静止这一点是很重要的，否则测量将不准确。当你测量体重时，你一定要记住，站在磅秤上要老老实实地站好不动，这样才能读出你体重的准确数字来。

物体处于磅秤上，受两个力的作用，一个是重力，另一个是磅秤对物体的支持力，这两个力的方向是相反的。根据牛顿第三定律，物体对磅秤有一个反作用力（即物体对磅秤的压力），磅秤平衡时，便将物体对它的压力的大小指示出来了。由第三定律知道，磅秤指示出来的这个数也等于磅秤对物体支持力的大小，这就是我们通常所说的重量。

看来，物体的重量有两种说法：地球对物体吸引力的大小是物体的重量；磅秤对物体支持力的大小是物体的重量。为了区别这两种说法所指的重量，把地球对物体吸引力的大小，叫做物体的真实重量。而把磅秤对物体支持力的大小叫做物体的视在重量。通常我们所说的物体的重量都是从秤的读数得到的，所以是指它的视在重量。

在地面上称量物体的重量时，物体相对地面静止，重力加速度变为零，因此重力与磅秤对物体的支持力之和应为零。这就是说，这两个力大小相等，方向相反。所以，在这种情况下，物体的视在重量与真实重量可以说是相等的。

神秘的失重现象

坐过电梯的人，都有这样的感受：当电梯很快地开始下降时，给人一种恐惧的感觉，好像五脏六腑都被向上提起，真所谓“提心吊胆”，似乎将要跌进无底的深渊。电梯启动下降越迅速，这种恐惧的感觉越厉害。如果在电梯内有一台秤，你站在台秤上相对台秤不动，在你有“提心吊胆”感觉的时候，你注意一下台秤指针的读数，便可以看到，你的体重突然变轻了。这种恐惧感觉越厉害，你的体重减少得越严重。这就是所谓“失重”的现象。倘若电梯自由下落（当然，实际运行是不允许出现这种情况的），你将会发现，台秤上指示出来的你的体重完全消失，你的重量等于零！这就是“完全失重”的状态。

坐电梯时的失重感觉

到底“失重”是怎么回事呢？人站在电梯内的台秤上，电梯启动时，有一个向下的加速度，这时人也以同样的加速度下降。人之所以具有了向下的加速度是由于人受两个力的作用：一个是竖直向下的重力，另一个是台秤对他的支持力，这个力的方向竖直向上。由于人获得的加速度方向是向下的，所以人受重力、支持力这两个力的合力也应该是竖直向下的。也就是说，竖直向上的支持力小于竖直向下的重力。这时反映在台秤上的读数便比重力小，这个结果说明此时的视在重量比真实重量小，好像是人失去了一部分重量。这就是“失重”。根据牛顿第二定律便可知道，“失去”的这部分重量的大小应该等于人体质量与加速度大小的乘积。在升降机加速下降过程中，人体质量并无变化，而加速度是可以不同的，所以，当下降加速度越大，“失重”就越严重。

我们用一根细绳拴住小球，然后我们用手捏住细绳的另一端并且甩动它，这样小球就会围绕着我们的手转动起来而做圆周运动。小球做圆周运动时，线总要拉住小球，对小球有一个拉力，拉力的方向总是沿着绳子的方向而指向圆心。一旦细绳被甩断了，小球立即沿圆周的切线方向飞出去，这个现象是大家熟悉的。

为什么小球必然按照这样的轨道运动呢？原来作匀速圆周运动的物体虽然其速度的大小在运动的每一瞬时是相等的，但其速度的方向是在不断变化的，即速度矢量是变化的。速度的变化意味着运动物体具有加速度。这时加速度的方向是沿着物体圆周运动的圆轨道半径而指向圆心，叫做向心加速度。根据牛顿第二定律，物体的加速度是由于物体受力而产生的，而且合力的方向与加速度方向一致，这样作匀速圆周运动的物体所受合力就应当沿半径指向圆心的。上述小球正是这样，小球由于受到细绳指向圆心的拉力而作圆周运动，一旦绳子被甩断，这种指向圆心的拉力消失了，小球便不可能再沿圆周运动而由于惯性沿着切线方向飞出去。

我们所居住的这个地球，每时每刻都在自转，因此地面上所有的物体都在绕地轴作匀速圆周运动，这情况不正是与拴有绳子的小球绕手作圆周运动的情况类似么！你想过吗：地球上的一切物体并没有用绳子拴在地轴上，而为什么不被地球甩出去呢？

其实，地面上的物体都被一根一根的“绳索”拴在地球上呢！只不过这些绳索比较特殊，我们看不见罢了。你想一想，地球对所有的物体都有吸引力，这个力使物体不能离开地球，正如绳子的拉力使得小球不能远离手心一样。因此地球对物体的吸引力也就像是一根无形的“绳索”。正是由于这个引力起到了绳子的作用，这个力的一部分就成为地面上物体绕地轴作圆周运动所需要的向心力。既然地球对物体的引力有一部分作为物体绕地球作圆周运动的向心力，那么，在地面上称物体重量时所得的视在重量与真实重量就不会相同。事实也是如此，只不过两者差别相当小而已。

我们设想，一旦地球对地面上物体的引力消失，这就相当于拉小球的绳子断了，那么一切物体当然包括我们人类都将像断了细绳的小球一样，纷纷被甩出地球之外，这后果是多么不堪设想！所有物体，包括人类及各种生物，能够在地球上各得其所，正常生活，是与地球的引力的巨大作用分不开的。地球的引力的确是我们想不起来的“无名英雄”。

让我们再考虑一个有趣的情况。我们知道，作圆周运动的小球，让它转得越快，拉住它的细绳的力就必须越大。这样，就促使人们想，如果绕地球作圆周运动的物体运动速度越快，它所需要的向心力不也是越多吗?如果让它转动得足够快，这时它所需要的向心力恰好与地球对它的引力大小相等，那它一定会只在地球引力的作用下绕地球运转而掉不下来了。根据计算，只要飞行速度达到7.9千米/秒，这时绕地球作圆周运动的物体所需要的向心力就刚好和地球对它的引力相等，人造卫星就是这样设计的。

我们再想一想：在卫星上的物体，它们的重力完全用于作圆周运动时所需要的向心力，那它们岂不是没有重量了吗?的确如此。在卫星上所有的物体都将轻飘飘，毫无重量，这就是“完全失重”的情况。要是你在卫星上的话，你可以用手托住上吨重的物体而丝毫不花费力气；你可以随便飘浮在卫星中的任一位置，所有卫星上的物体也都可以随心所欲地飘浮在空中，这一切将构成一幅我们在地面上无法想象的奇特图景。人们长期居住在有引力的地球上，对于这种完全失去了重量的世界当然是很别扭的。如果使卫星一方面绕地球“公转”，另一方面绕自身的轴“自转”起来，那么卫星中的人和一切物体也都将随卫星的自转而旋转，人和物体自转所需要的向心力由卫星壁所提供，即卫星壁对人或物体将有支持力，当然人或物体就对卫星壁有压力，这就将使人和物体紧贴在卫星壁上，就像我们站在地面上一样方便。这就是在卫星上为克服完全失重而创造人工重力的方法。

知识点

公转和自转

自转是指物体自行旋转的运动，物体会沿着一条穿越身件本身的轴进行旋转，这条轴被称为“自转轴”。一般而言，自转轴都会穿越天体的质心。凡卫星、行星、恒星、星系都绕着自己的轴心转动，地球自转是地球沿一根地心的轴作圆周运动。地球基本一天自转一周，地球的自转产生了白昼和黑夜的变化。

一个天体围绕着另一个天体转动叫做公转。太阳系里的行星绕着太阳转动，或者各行星的卫星绕着行星而转动，都叫做公转。地球在自转的同时还围绕太阳转动。地球环绕太阳的运动称为地球公转。地球公转的方向自西向东，公转一周的时间是一年。地球围绕太阳公转产生了四季交替的现象。

比萨斜塔斜而不倒

比萨斜塔坐落在意大利古城比萨大教堂的广场上，1173 年建筑师博纳诺·皮萨诺开始建造。当建到第三层时，塔身开始倾斜，博纳诺·皮萨诺只得把工程停了下来。1194 年后，建筑师焦旺尼·迪·西蒙内恢复建塔，他试图将倾斜的塔身调直，可是没有成功。由于迪·西蒙内死于 1284 年的战争中，建塔工程再度搁置。直到 1350 年，该塔才由建筑师托马索·皮萨诺最后完成。竣工时，因为塔顶中心点已偏离垂直中心线 2.1 米，所以被人们称为“斜塔”。600 多年来，塔身继续缓慢地向南倾斜。据自 1911 年以来的系统测量表明，它平均每年向南倾斜大约 1 毫米。如今，塔顶已南斜 5.3 米，斜度为 5°6′。

塔身为什么倾斜？根据地下钻探的土样，已查明塔基下面地表至 10 米深度是混砂层，而地下 10～40 米是含很多结合水的黏土层，再往下是含自由水的砂层。这层黏土层在建筑物的压力作用下，部分结合水就会被挤出来，跑到下面的砂层中去，造成黏土层的压缩和沉降，使塔倾斜。当下面砂层自由水被人为地抽吸而造成压力下降时，这种黏土层的压缩和沉降还会大大地加速，引起斜塔的倾斜速度加快。

据测定，在从砂层中抽吸地下水的时期，斜塔的倾斜速度曾增至每年2毫米，比以前加快了约一倍。后来，人们发现了这个问题，停止抽吸砂层中的地下水，斜塔的倾斜速度才恢复原来的数值。这座塔为什么向南倾斜？据比萨大学一位老教授的解释说，可能是太阳的影响。因为意大利是在北半球，南面的大理石受日照强，热胀冷缩产生的力对下面的土层起着不间断的冲击作用，所以向南倾斜。另外，斜塔是在比萨城北部，原来城内取地下水的位置在它南面，南部地面沉降也可能造成塔身加速南倾。

倾斜却不倒下的比萨斜塔

眼下，塔顶中心点偏离垂直中心线已近5米。不过，按照目前的倾斜速度，比萨斜塔在未来的200年内还不会倒塌。这是因为从它的重心引下的竖直线并没有越出它的底面的缘故。

知识点

热胀冷缩

热胀冷缩是物体的一种基本性质，物体在一般状态下，受热以后会膨胀，在受冷的状态下会缩小。所有物体都具有这种性质。物体之所以会出现热胀冷缩的现象，是由于物体内的粒子（原子）运动会随温度改变，当温度上升时，粒子的振动幅度加大，令物体膨胀；但当温度下降时，粒子的振动幅度便会减少，使物体收缩。

不过，自然界中也存在一些例外，水在4℃以上会热胀冷缩，而在4℃以下会冷胀热缩。水结成冰，体积就会增大，密度比水要小，这就是装满水的瓶子常常在结冰后被涨破、冰浮在水上的原因。

无处不在的摩擦力

随便给桌子一个推力，桌子却不见得移动。可是根据牛顿第二定律，桌子既然受力，它就应该获得加速度，就应该移动呀！莫非牛顿第二定律错了？不，牛顿第二定律并没有错，而是我们推桌子的同时，地面“悄悄地”给桌子使了一个作用力——静摩擦力，它也是摩擦力的一种。这个摩擦力的大小正好与我们对桌子的推力大小相等，方向和推力相反，使桌子所受合力为零。由第二定律可以断言，它的加速度应该为零，桌子就必然保持不动。看来，要推动桌子而桌子不动，这是摩擦力从中作怪！

一个物体一旦运动起来，依照惯性定律就应该沿着这个方向永远匀速运动下去。可是，开动起来的汽车、火车、飞机如果关闭发动机，它们都会慢慢停下来的。原来，这也是摩擦力在从中作怪！为了消除摩擦力的作用，推动一个笨重的物体需要花很大力气，甚至可以使我们累得满头大汗，气喘吁吁；为了消除摩擦力的作用，需要不断供给汽车、火车、飞机以汽油、煤、油、柴油。要不是摩擦力在从中捣乱，每年全世界可以节约多少煤和石油啊！

由于摩擦力的存在，衣服会被磨破，鞋底会被磨穿，自行车轮胎会被磨平；由于摩擦力的存在，机器上的轴承将被磨损而缩短使用寿命。为了减少摩擦，需要对轴承加润滑油。由于摩擦力的存在，要伴随产生热现象，这又造成许多不必要的损耗。有的机器运转时间长了，发热过于厉害，还得停下来让它冷却，这就将宝贵的时间浪费了。摩擦力造成的损失，一桩桩、一件件，它给人们带来了许多麻烦。似乎它是一个多余的，令人讨厌的“东西”。其实，这种看法是不动脑筋的偏见。

在许多场合，我们是离不开摩擦力的。只是我们习以为常，也就想不起它的存在，想不到它的重要。可是，一旦摩擦力从自然界、从日常生活中消失，那我们将会困难重重。不相信吗？让我们来看看没有摩擦力的世界吧。

你爱江山如画的祖国吗？爱。爱那气势磅礴的泰山，爱那滚滚东流去的长江、黄河，爱那美如织锦的桂林山水，爱那一马平川的内蒙古大草原，爱那大兴安岭的苍苍林海，也爱那南国郁郁葱葱的原始大森林。可是，如果失掉了摩擦力，地面上不会有高山，地球只能是一个光滑的圆球，在这个光滑的圆球上，植物无法生根，动物也无法生存，美的大自然也消失了。

你爱学习、工作和参加运动吗？为了实现自己的理想，我们应该积极锻炼身体，奋发学习，辛勤劳动。可是，如果摩擦力消失了，到处比冰面还要光滑，人无法走路，车辆无法前进；倘若一旦运动起来，人或车无论如何也停不下来，只好一直向前，向前……空气中没有了对物体的阻力，雨天，下落的雨滴会把你砸坏！没有摩擦，房屋将倒塌，机器零件将松散……所有的物体都将向低处滚去。还有更糟糕的事情，线、绳之间没有了摩擦，布织不了，衣服做不成，即使有了衣服，也钉不上纽扣。就连吃饭，也是异想天开了。

我们无法拿起任何东西，我们能拿东西靠的就是摩擦力，摩擦力来自物体本身的凹凸和我们手上的指纹，这下好，物体光滑，我们也没有了指纹，想拿东西却和它作用不上，只能干着急，不仅拿不起东西，拧盖子扭把手，一系列的力的作用都无法进行；生活处处困难重重。想写字却拿不起笔，笔又不能和纸产生摩擦写字；想吃饭碗筷却拿不住，筷子怎么也夹不住菜；想喝水又提不起杯子；想穿衣服却拿不起穿不上；想工作劳动，但任何工具都一次次从手上滑落……这样的话，人们会多么无助。如果没有了摩擦，那么以后我们就再也不能够欣赏美妙的用小提琴演奏的音乐等，因为弓和弦的摩擦产生振动才发出了声音。

总之，假如没有摩擦的存在，那么人们的衣食住行都很难解决。如果衣食住行、学习、生活、工作、劳动等所有方面人们都受拿不起东西这个因素困扰，人们还怎么有最基本的生存，更别提发展了。

有资料说，某国家已研制出所谓的“超润滑材料”，可将它用到军事上，

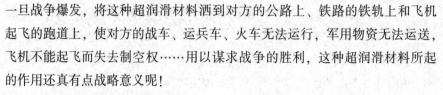

一旦战争爆发，将这种超润滑材料洒到对方的公路上、铁路的铁轨上和飞机起飞的跑道上，使对方的战车、运兵车、火车无法运行，军用物资无法运送，飞机不能起飞而失去制空权……用以谋求战争的胜利，这种超润滑材料所起的作用还真有点战略意义呢！

我们可能幻想过如果没有摩擦，干什么事情都将不会有阻力，可等我们真正到了没有摩擦力的世界，才感受到摩擦力的重要。摩擦力有利也有弊，人类离不开摩擦力。当然，我们可以庆幸，自然界处处有摩擦。现在，我们应该明白了，摩擦力在许多场合是有利的，而在许多场合它又是有害的。因此，我们要研究它的规律，扬其长，避其短。人走路时脚与地面摩擦，人拿东西时手与物体摩擦，刹车时也需要摩擦。所以，在了解了摩擦力的功过后，在生活中应该尽量让它立功，减少它的过错。感兴趣的同学们日后通过刻苦学习和研究，也可以找到能将摩擦力的负作用降低的方法。

淹不死人的死海

你们知道死海吗？那是西亚一个非常有名的地方。

那个时候国家与国家之间经常发生战争。战争失败后被抓住的俘虏，身体强壮的就留下来做奴隶，身体差的就全部处死。

一次战争之后，他们抓了很多的俘虏，这时一位将军就把决定处死的俘虏全部扔到死海里淹死。那些俘虏被扔进死海后，让人吃惊的事情发生了，那些人总是浮在海面上，就是不沉入海里。这位将军很生气地说，把他们都绑上大石头，然后再往海里扔。将军心想，这回他们肯定要死了。但是结果令所有人都没有想到，那些俘虏仍然浮在海面上，没有被淹死。

那位将军认为是上帝不让俘虏死，心想如果坚持处死俘虏的话，上帝会惩罚自己，所以就决定放了他们。

事情经过很多年以后，人们才知道，那根本就不是上帝的“旨意”。因为死海里盐分含量相当大，所以海水的密度也大，浮力也大得惊人。人被扔进去后，总是浮在海面上，不会沉入海里，即使绑上石头也不会沉下去，所以也就不会被淹死。

其实，死海是一个叫海的内陆盐湖，位于巴勒斯坦和约旦之间的约旦谷地。西岸为犹太山地，东岸为外约旦高原。约旦河从北注人。死海水含盐量极高，且越到湖底越高，是普通海洋含盐分的 10 倍。最深处有湖水已经化石化（一般海水含盐量为 35‰，而死海的含盐量在 230‰～250‰左右。表层水中的盐分每公升达 227～275 克，深层水中达 327 克）。由于盐水浓度高，游泳者极易浮起。湖中除细菌外没有其他动植物。涨潮时从约旦河或其他小河中游来的鱼立即死亡。岸边植物也主要是适应盐碱地的盐生植物。死海是很大的盐储藏地。死海湖岸荒芜，故人们称之为“死海”。

关于死海还有一个古老的传说。远古时候，这儿原来是一片大陆。村里男子们有一种恶习，先知鲁特劝他们改邪归正，但他们拒绝悔改。上帝决定惩罚他们，便暗中谕告鲁特，叫他携带家眷在某年某月某日离开村庄，并且告诫他离开村庄以后，不管身后发生多么重大的事故，都不准回过头去看。鲁特按照规定的时间离开了村庄，走了没多远，他的妻子因为好奇，偷偷地回过头去望了一眼。哎哟，转瞬之间，好端端的村庄塌陷了，出现在她眼前的是一片汪洋大海，这就是死海。她因为违背了上帝的告诫，立即变成了石人。虽然经过多少世纪的风雨，她仍然立在死海附近的山坡上，扭着头日日夜夜望着死海。上帝惩罚那些执迷不悟的人们：让他们既没有淡水喝，也没有淡水种庄稼。

死海不死

死海在日趋干涸。在漫长的岁月中，死海不断地蒸发浓缩，湖水越来越少，盐度也就越来越高。在中东地区，夏季气温高达 50℃以上。惟一向它供水的约旦河水被用于灌溉，所以死海面临着水源枯竭的危险。不久的将来，死海将不复存在。

高层建筑引起的穿街风

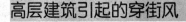

1982年1月的一天，在热闹繁华、大厦林立的纽约市曼哈顿区，刚刚下班走出高层大厦的罗约·斯派尔乌吉尔小姐，忽然被身后冲来的一股猛烈的风暴卷进附近的水泥花坛中，碰得头破血流，双臂折断。知识渊博的斯派尔乌吉尔立刻敏锐地意识到：这不怪天气，而是“穿街风”给她带来的不幸。于是，她到法院起诉，控告了设计这座大厦的建筑设计师和纽约市政当局。如果在10年前，她的控告会被驳回。但在今天，在建筑学家和气动工程学家、物理学家的协助下，法官们认真审理了这起案件。结果，斯派尔乌吉尔打赢了这场官司，获得了650万美元的损失赔偿费。

这起案件的判决是正确的。

科学家发现，由于高层建筑的先后兴起，大城市街道上的风，多半不能归咎于天气，而应由建筑设计师负责。这是由于：高层建筑如果设计不当，就会挡住高处的气流，迫使其折向地面，在街道上形成小型风暴，这种小型风暴就叫“穿街风”。

人类进入20世纪以来，竞相建造摩天大楼成为时髦。如美国，1931年在纽约市落成的102层帝国大厦，高381米；1972年在纽约兴建的110层世界贸易中心，高412米；1974年在芝加哥市崛起的希尔斯大楼，虽然也是110层，高度竟达442米。这些鳞次栉比的超级摩天大楼引起的“穿街风”，已经给大城市带来了不少的麻烦。

科学家最新研究结果表明：“穿街风”是由一些可以预见到的空气动力效应造成的。人们知道，风源在太阳，产生于大气的运动。气流运动便是风。气流运动愈强，风力则愈大。建筑物等地面障碍可使风速减弱，风向改变，但往往在近地面处产生紊乱交错的“湍流”。在楼房高密林立的大都市，这种湍流又会“扶摇直上”到五六百米之高，尔后又会运动向下，当进入狭窄的空域，就会降至建筑物基础部，沿着建筑物的“空隙”——马路和巷道冲袭；一经拐弯处，会迅速旋转，强劲起来，宛若小龙卷风肆虐横行；如遇凹角处，则会变成风速虽小但压力极大的地面风暴。这就是“穿街风”。

奇妙而有趣的惯性

运动场上很快就要举行精彩的男子100米决赛。在这“青春王国”上，你瞧，起跑线上，6名决赛运动员做着预备姿势，正全神贯注地等着发令员的枪声。“啪”的一声，枪响了。六个运动员几乎同时像离弦的箭一样地飞了出去。对于这精彩的表演，观众异常兴奋，拼命地为这6名运动健儿喊“加油”。虽然没有人指挥，可是那“加油”“加油”的助威声却非常有节奏，铿锵有力，更激起运动员的青春活力，拼命向终点冲刺。正当运动员向终点冲刺的时候，有个不懂事的小孩闯进了跑道，虽说在终点之外，却离终点很近。这可把值勤人员急坏了。只见值勤人员冲进跑道，夹起小孩就往外跑。刚把小孩夹出跑道，运动员们就已冲过来了。多险呵！观众们着实为那个小孩捏了一把冷汗。

大家都知道，参加赛跑的运动员，到达终点后，总要向前冲出一段距离。要不是那位责任心强的值勤人员把小孩抢出跑道，那个小孩很可能被撞坏或踩坏的！运动员到达终点后，为什么要向前冲出一段而不马上停住呢？这是因为惯性的缘故。要是突然停住，准会摔倒。那么，什么是惯性呢？

让我们翻开物理课本，我们可以找到这样的一条定律：“一切物体在没有受到外力作用的时候，总保持匀速直线运动状态或静止状态不变。”这条定律是说，如果物体没有受到外力的作用，它的运动状态就不会发生改变：原来静止的物体将继续保持静止；原来运动的物体将按自己原来运动的方向，原来运动的快慢丝毫不变地继续运动下去。这就是所谓“静者恒静，动者恒动”。这条定律，来源于力学的奠基人牛顿的名著《自然哲学的数学原理》，牛顿把它称为力学第一定律。我们通常把它叫做牛顿第一定律。

我们把物体保持匀速直线运动的状态或静止状态不变的性质，叫做物体的惯性。所以牛顿第一定律也叫做惯性定律。用“惯性”这个词描述物体

“习惯”于自己原来的运动状态这种特性是很恰当的。因为物体在没有受到外力作用的时候，它不会自己改变本身的状态。这不是物体“习惯”于自己原来的运动状态的性质又是什么呢？不过，你可曾知道，“惯性”这个词，还有过一段经历呢。

惯性这个词，是由外文翻译成汉语的，起初它被译为“惰性”。它的意思是说，物体具有懒惰的特性。这个词，有点委屈了物体。在不受外力作用的情况下，原来静止的物体保持自己的静止状态不变，毫不动弹，确实显得很懒惰。可是，那些原来处于运动的物体，却总是保持自己的速度而运动，它们不知疲倦地、不停地跑着，甚至是飞跑着，一点儿也不懒惰呀！正因为这样，“惰性”这个词在物理学上已经被抛弃，而用“惯性”这个词。它的意思就是说，在没有外力作用的情况下，物体习惯于自己原来的状态。“惯性”这个词，正确地反映了物体的本来面目。

所有的物体都具有惯性，但并不是所有物体的惯性都相同。你瞧，移动一个放在桌子上的墨水瓶，易如反掌，而搬动一个沉重的柜子，却不是那么简单的事。这就是说，在外力的作用下，物体力图保持它们“静止”习惯的能力的大小是不同的。墨水瓶一触即溃，而沉重的柜子却顽固异常。两辆卡车，一辆空车，一辆满载，要使它们开动起来，空车要比满载的车容易得多。一旦开动起来，假若它们以同样的速度前进，遇到特殊情况需要刹车，空车容易刹住而满载的车却困难得多。这就是说，满载的车保持自己原来运动状态的能力强，而空车保持自己原来运动状态的能力弱。类似的情况，在日常生活中是屡见不鲜的。实际情况表明，物体的惯性各不相同，越沉重的物体，惯性越大。

人们把物体惯性的大小，叫做物体的质量。物体的质量是不随地点而变的。同一物体，无论将它置于喜马拉雅山之巅或置于东海之滨，无论将它置于严寒的北极或置于酷热的赤道，其质量都是不变的。即使让它乘坐火箭，飞越 38 万千米之遥的路途，登上那皓洁的明月，它的质量仍然不变。这就是说，质量是物体本身的属性，不因地点而异。

知识点

运动与静止

运动是指宇宙中发生的一切变化和过程，既包括保持客体性质、结构和功能的量变，也包括改变客体性质、结构和功能的质变。运动不是以物质外部附加给物质的可有可无的性质，而是物质本身固有的内在矛盾决定的不可缺少的性质和存在方式。运动和物质不可分离。“没有运动的物质和没有物质的运动是同样不可想象的”，也就是说，运动是绝对的。

静止是从一定的关系上考察运动时，运动表现出来的特殊情况，是相对的、有条件的。例如地面上的建筑物就其对地面没有作机械运动这一点而言是静止的。但是这种静止仅仅是从一定的“参考系”看来才是如此，从别的“参考系”看来又是运动的，如建筑物随地面一起围绕着太阳运转，又随太阳系一起在银河系中运转。

形影不离的孪生兄弟

每当出现激动人心的场面或看到精彩的艺术表演，人们都会以热烈的掌声来表达心中的激动情绪，甚至两只手掌拍红了都不觉得痛。我们知道，当我们热烈鼓掌的时候，两只手掌在迅速地相拍，左手拍右手，右手拍左手。左手给右手一个作用力，右手同时给左手一个作用力，真可谓“礼尚往来”。

火车是由一节一节的车厢组成，当列车前进时，前面的车厢给后面车厢一个向前的拉力，而后面的车厢则给前面的车厢一个向后拽的力；当我们用钳子拔钉子时，钳子给钉子一个向外拔的力，而钉子则同时给钳子一个相反方向的力；我们坐在椅子上，给椅子一个压力，而我们所以能够坐得稳稳当当，则依靠椅子的支持，这就是说，当我们给椅子压力时，椅子同时给我们一个支持力……所有这些现象，都表明力是物体之间的相互作用。

甲物体对乙物体施加作用力时，乙物体便按照“礼尚往来”的原则，也

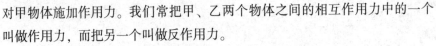

对甲物体施加作用力。我们常把甲、乙两个物体之间的相互作用力中的一个叫做作用力，而把另一个叫做反作用力。

非常奇怪，作用力和反作用力这对孪生兄弟是同时存在的。要出现么，同时出现；要消失么，它们又同时消失。而且它们的大小相等，方向相反，作用在同一条直线上。

牛顿在《自然哲学的数学原理》这部名著中，将作用力和反作用力所遵循的规律总结为："力学第三定律"，人们通常把它称为牛顿第三定律。这条定律是这样说的：两个物体间的作用力与反作用力，总是大小相等的，沿着同一条直线而指向相反。

你注意过吗，人们走路的时候，是用两脚轮流向后蹬地面。双脚向后蹬，而人身体却向前移动了。为什么双脚向后蹬，人不向后退呢？原来，当双脚向后蹬地面的时候，给地面一个向后的作用力，根据牛顿第三定律，地面便给人一个大小相等，方向向前的作用力，人便在这个向前的力的作用下而前进了。因此，人们能走路，全靠地面给的一个向前的作用力。路面太光滑，我们走起路来感到使不上劲，走不快，令人着急。这种情况下，并不是我们不肯用劲，而是由于路面太滑，脚往后蹬时用不上力。既然我们给路面向后的作用力小，路面给我们向前的力自然就小，因此不可能走得快。

参观游泳比赛时，你看游泳运动员转弯时的动作是最优美的。当运动员快速游向池壁时，只见他脑袋猛地一低，往下一扎，身体蜷曲，两脚向水面上一翻，整个身体的方向就转了过去。这时，两膝盖弯曲，两脚掌正好紧贴游泳池的池壁。狠劲一蹬，池壁给他帮了一大忙，他又急速地游了出去。这个动作，一瞬间完成，优美极了！其实，利用反作用力的现象是屡见不鲜的。

"让我们荡起双桨，小船儿推开波浪……小船儿轻轻飘荡在水中，迎面吹来了凉爽的风……"

假日，小朋友们到公园里过队日，划着小船，唱起这首歌的时候，多么令人心旷神怡，多么愉快！当我们向后荡起双桨，小船儿便飘荡向前。在双桨向后划水时，对水作用了一个向后的力，水便给桨一个向前的推动力，桨连同船一起获得了加速度，船便向前驶去。

你再看青蛙在水中游泳的情景。只见那青蛙，两腿后蹬，身体便迅速向前游去。当它的两腿蹬水时，给水一个作用力，与此同时，水给青蛙一个向前的作用力。在这个力的作用下，青蛙获得一个向前的加速度，因而速度越来越快，当蹬水动作结束，青蛙已具有比较大的速度了。这时如果利用惯性，便可以向前滑行。你看那聪明的青蛙，为了减少阻力，充分利用这宝贵的惯性，便将双腿一夹两肢并在一起，使整个身体并成线形，犹如燕子在空中滑翔一样，自由自在。人类是很善于学习的，在人们各式各样的游泳姿势中，有一种被称为“蛙泳”的，便是人们仿照青蛙的游泳姿势。游泳时，无论你是采用蛙式，或是自由式、蝶式、仰式……都是利用水对身体起一个向前的反作用力推动的结果。

吊扇在正常转动时悬挂点受的拉力比未转动时要小，转速越大，拉力减小越多。这是因为吊扇转动时空气对吊扇叶片有向上的反作用力，转速越大，此反作用力越大。

在日常生活中，类似的现象很多。运动员起跑时，为什么经常利用起跑器起跑？

原来，预备时，运动员踏紧起跑器，一听见枪声，他便用一个爆发力使劲地往后蹬起跑器，起跑器便同时给他一个同样大小的向前的反作用力，在这个力的推动下，他便获得足够的加速度，飞也似的冲出去了。

阻力救了飞行员的命

如果说一个飞行员从几千米高的飞机上无降落伞跳下竟没有摔死，你会相信吗？然而，这的确是一个真实的故事。

第二次世界大战中，一架袭击德国汉堡的英国轰炸机被击中起火。坐在飞机后座的枪手一时拿不到放在机舱前面的降落伞，但又不想活活被烧死，于是他果断地无伞跳出了机舱。他刚刚离开，飞机就爆炸了。这时飞机的高度是 5 500 米。一分半钟以后，他就像一列高速急驶的列车，以自由落体的速度飞快地向地面落去。

当他从昏迷中醒来的时候，发现自己并没有摔死，只是皮肤被划破，有多处地方被挫伤。闻讯赶来的德国人也感到惊叹不已，他们对所有的数据进行了准确的测量，这都是一个奇迹。从飞机上无伞下落没有摔死的事例不止这一例，《北京晚报》也曾登载过幼童从四楼窗口跌下来没有摔死的报道。

后来人们经过分析才发现，机枪手下落是幸运的掉在了松树丛林里，而离他不远就是开阔的平原。他先从松树上砸了一下，然后掉在积雪很深的雪地上，把松软的积雪砸了一个一米多深的坑。这样一来，机枪手和地面碰撞的力量被延缓了上千倍，冲力也大为减少，只有千分之几。当然还有个原因，他受到空气阻力的保护，如果没有空气阻力，从5 500米高的地方落下来，落地时的速度要达到180千米/小时左右，而空气的阻力使他的落地速度大大减少，这也是产生奇迹的原因。

这样一分析，大家就会发现许多没有摔死的奇迹都有它的道理。生活中很多现象都与这个道理类似。

一只瓷碗从桌面上掉在水泥地面上，肯定摔得粉碎；但是落在木板地上却常常可以幸免，如果落在沙土地上，就肯定摔不坏。这是为什么呢？

答案是，因为从一定高度落下的瓷碗，下落到地面时动量是一定的，让它停下来所需要的冲量也是一定的。记住，冲量是时间和力的乘积。瓷碗跟不同的地面相碰的时候，冲击时间大不相同：和硬的水泥地面碰撞时间只有千分之几秒，而和沙土相碰撞时，时间可以延长到1/10秒，这就是说冲击时间延长了上百倍，冲击力也就减少到只有百分之一或百分之几，这就是碗在沙土地上没有被摔坏的原因。

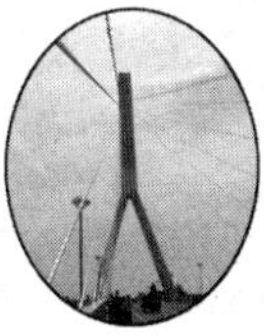

生活中无处不在的力学

SHENGHUOZHONG WUCHU BUZAI DE LIXUE

运动的动力之源——力，不但广泛存在于自然界之中，也广泛存在于我们的生活当中。打开易拉罐的时候，为什么会听到“嗤”的一声响，为什么会有气体冒出来呢？前进的自行车为什么不会倒呢？煮汤圆的时候，汤圆为什么总是先下沉，而后又正向上浮呢？而肥皂泡又为什么总是先上升，而后下降呢？这些现象都是受我们身边的无形之手——力决定的，都可以用我们所学的力学基础知识来分析。

此外，在长期的生产、生活当中，智慧的劳动人民总结出了许多以民谚形式存在的经验，其中有相当的部分涉及力学现象。这些现象也可以用我们所学的力学基础知识来分析。

用所学的力学基础知识来分析生活中的一些现象，不但可以提高我们应用知识、分析问题的能力，还可以提高我们理论联系实际，学以致用的能力。

压力和压强的奥秘

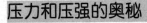

当你拉开汽水瓶盖时，只听到“嗤”的一声，气体向外冲出，接着看到大量的气泡冒了上来；当你打开自来水龙头时，水就哗哗地流出，当水流足够大时，用手指无法压住它，为什么会出现上面这两种情况呢？都是因为压力的存在。第一种情况是因为气体产生的压力起作用，这种压力叫气压。第二种情况是因为液体产生的压力在作怪，我们把这种压力叫做液压。

在生活中到处会遇到气压和液压，没有压力的世界是不可想象的。没有气压，我们就不能呼吸，没有了呼吸我们就无法活下去；没有液压，自来水公司就无法把我们需要的自来水送到每家每户，我们也无法生存；即便喝水，也需要气压做个帮手；人做饭、烧水时需要煤气作燃料，煤气厂将1.024个大气压的煤气送到无数个厨房。我们骑的自行车以及公路上跑的汽车也离不开气压，鼓鼓囊囊的轮胎里贮存着好几个大气压的空气。总之，压力跟我们的生活密切相关。

如果笼统地给压力下个定义，那就是：垂直作用在某一面上的作用力，用 F 表示，单位是牛顿。

压强是作用在单位面积上的压力，用 p 表示，单位是帕斯卡，简称帕。1帕=1牛/平方米。例如一块重为1牛，面积为1平方米的板子放在地面上，板子对地面产生的这个压力就是1个压强，也就是1帕。

压强公式告诉我们，面积 S 一定的话，作用的压力 F 越大，压强 p 就越大。如果压力相同，受压面积越大，压强就越小。

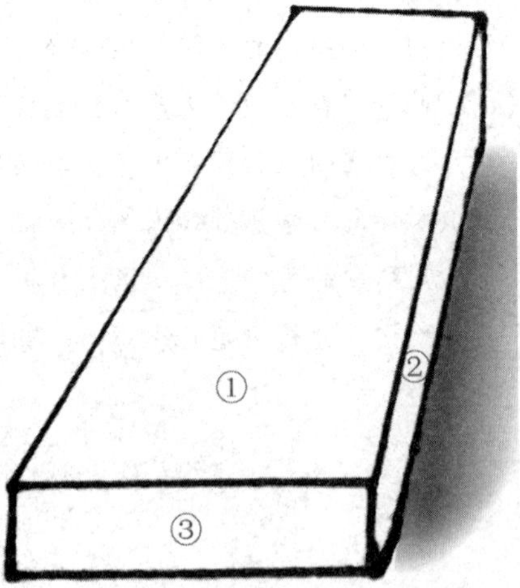

图1

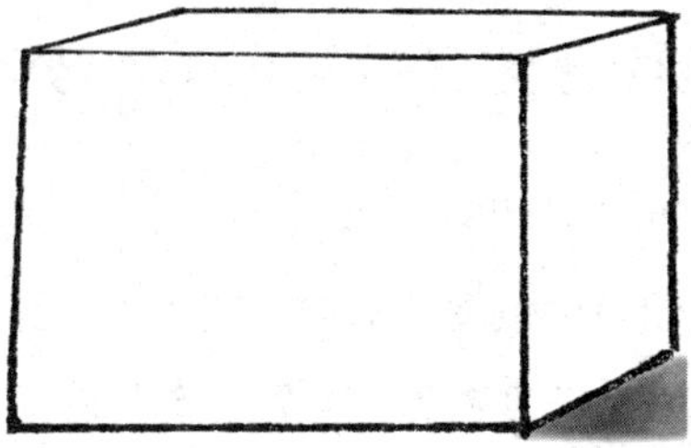

图 2

如图 1 中所示的是一块砖块，将它放在地面可以有许多种放置方法。在这多种情况中，砖对地面的压力大小是相同的，都等于砖块所受的重力，跟砖块的放置方法无关。但是砖块对地面的压强大小跟砖块的放置方法有关，顺着图中序号（所标序号面为砖块与地面接触的面），砖块对地面的压强逐一增大，你能说出其道理吗？

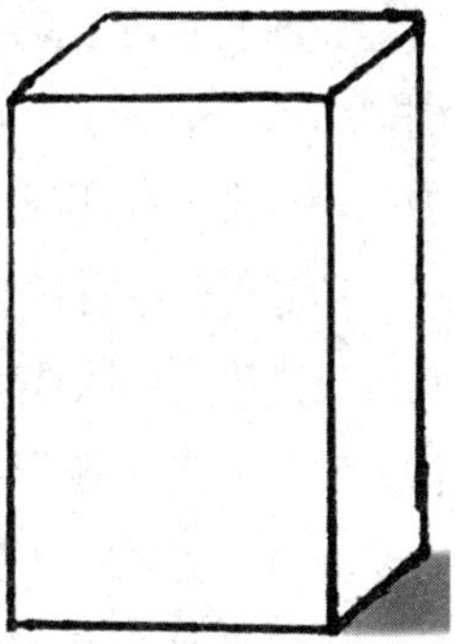

图 3

如果从同样的高度处掉下来让各砖块按图 1、图 2、图 3 所示的三种情况接触地面。这三种情况对地面的破坏作用是不同的，其中图 1 的破坏作用最小，图 3 的破坏作用最大。这说明压强越大，对受压物体的破坏作用越厉害。

知识点

力学单位“牛顿”

我们现在已经知道力学的国际标准单位是牛顿。那么，为什么将力学单位命名为牛顿呢？单位牛顿的力到底是多少呢？

牛顿是英国著名的科学家，他不但发现了牛顿三大定律，还创建了经典力学。可以说，他是物理学领域最伟大的科学家之一。为了纪念这位经典力学的创建者，人们便把衡量力大小的单位命名为“牛顿”，缩写为“N”。

国际上将能使 1 千克质量的物体获得 1 米每二次方秒的加速度所需的力的大小定义为 1 牛顿。形象点说，我们用手往上托 2 个鸡蛋时所发出的力大约就是 1 牛顿。

气功师玩的“压强”把戏

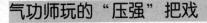

一个小镇里来了一个杂技团，每天都表演一些惊人的动作。晓明与小红听说后，就立即去看，刚进去就看见一个人用硬气功表演“刀砍不伤”的节目。表演开始，气功师一般都举起刀来，就地取材，在案板上剁断五根木筷，让被砍断的木块飞溅一地；然后，气功师又猛然跃起，操刀砍下两根指头粗细的树枝，削萝卜、剁木头，让观众的心紧缩，相信这把刀是锋利无比的真刀。接下来，气功师玩“真”的了。把身上的衣服脱光，露出一身强壮的肌肉，这是常年锻炼的结果。这些表演便显出一股强悍的男人气，使右手持刀，运气于左胸，胸大肌高凸起绷紧。气功师挥起大刀，死命地朝左胸砍去，人们只听见“嗵嗵嗵”直响，可是气功师的胸上除了有点红印儿外，连一点伤痕也不见。等气功师表演完，晓明和小红上前察看，更是惊讶不已。

令人疑惑的是，大刀锋利到能砍断一捆竹筷，劈下一根树枝，为什么不会伤了皮肉？

带着这样的疑问，他们找到自己的物理老师问了个究竟。听老师解说之后，他们才明白，原来大刀的刀尖处是锋利的，而其他部分则是钝的。挥刀砍下，接触气功师身体的那部分是钝的。面积增大压强减小。再加上挥刀时有技巧，看似重砍，实为轻打。

压缩空气让水往高处流

城市里的供水系统，要建造一个高高的水塔，这个水塔比它所供水系统中所有的楼房都要高，否则，住在高于水塔那几层楼内的人们便会用不上水。这是因为水只往比它低的地方流。“水往低处流”，这是最普通的常识，但这并不是绝对真理。你注意过餐馆卖啤酒的情景吗？只见啤酒桶里伸出一根管子，管子上装有龙头，只要将龙头一打开，啤酒就流出来了。说也奇怪，啤酒桶放在低处，龙头在高处，为什么啤酒往高处流呢？

原来这是压缩空气玩的把戏。将空气压进容器里，就成了压缩空气。我们用打气筒往自行车轮胎里打气，往篮球中打气，这时轮胎里、篮球里就充满了压缩空气。如果将打气筒的出气口堵住，你要将气筒的活塞往里推，那是很费劲的，我们会感到有一股力量往外顶，当活塞往里推得越远，这股往外顶的力量越大。只要你一松手，活塞就会自动推出来的。当活塞还没有向里推的时候，气筒中已有空气，它的压强与外面的大气压强相等，处于平衡状态。当活塞往里推，筒内的空气被压缩，则筒内气体压力增大；这样，你一松手，活塞就被气筒中的空气推回来了，一直到筒内外的压强相等为止。这就告诉我们，空气被压缩时，压强就增大，而当它的体积膨胀时，压强就减小。

啤酒厂在装啤酒的时候，往装啤酒的钢桶里打进压缩空气，就像往汽车轮胎里打气一样；在啤酒桶里面的压缩空气用比较大的压力压着下面的啤酒，怪不得龙头一打开，啤酒便从下往上流出来了。

我们自己也可以做个简单的实验。取来一个空酒瓶，用橡皮塞塞紧。在橡皮塞中央紧插着一根细玻璃管，玻璃管的一端有细的尖口，另一端用橡皮管与注射器连接。利用注射器将酒瓶中的空气抽走，抽走越多越好，然后用手把橡皮管口捏住，并将酒瓶倒置过来，让橡皮管的一端伸入带色的水中。你会看到，一旦我们把捏橡皮管口的手放开，带色的水立刻通过橡皮管又沿着玻璃管，由下而上，并从玻璃管细尖口喷出，宛如一股有色喷泉。有色喷泉的形成并不费解。原来，我们将瓶内空气抽走以后，瓶内的空气少了，压力也就变小了。抽走的空气越多，瓶内压力越小，而有色水的上方有大气压力，这个压力比瓶内的压力大了，带色水便从压力大的低处流向压力小的高处了。

看来，只要高处的压强比低处的压强小，水是可以从低处往高处流的。墨水被吸进钢笔也是压强在起作用。

知识点

压强单位"帕斯卡"

我们知道，压强的国际标准单位是"帕斯卡"，简写作 Pa。那么，为什么将压强的标准单位命名为帕斯卡呢？单位帕斯卡表示什么呢？

原来，帕斯卡是法国著名的数学家、物理学家、哲学家和散文家，他在人类历史上首次用帕斯卡球实验证实了液体能够把它所受到的压强向各个方向传递，而且各个方向上所受的压强都是相等的。这就是著名的帕斯卡定律。所有的液压机械都是根据这个定律设计出来的。为了纪念这位科学家的伟大发现，人们便把压强的单位命名为"帕斯卡"。国际上将 1 牛顿力在 1 平方米上所产生的压强规定为 1 帕斯卡。

透光铜镜的秘密

古代人所用的镜子是用青铜器制作的，经仔细磨光就能照人。

铜 镜

上海自然博物馆珍藏着一面传世珍宝——西汉透光铜镜。它与一般的铜镜不同，当太阳光一照，这面镜子就把它背面的图案及"见日之光天下大明"8 个大字反射在对面的墙上形成"奇景"，所以外国人称之为"魔镜"。

铜镜磨光后能反射，当镜面曲率相同，则反射光线有规则地发散；当镜面曲率各处不一，则反射光线也随各处曲率不同而变化。由于西汉透光铜镜背面铸有图案及文字，造成镜面的曲率不同。于是，当太阳一照，就形成了“奇景”，这就是“魔镜”的千古之谜。

“魔镜”之谜有了科学解释，但早在汉代，如何制成镜面各处曲率随镜背图案、文字而变化的呢?

根据上海交通大学古铜镜研究小组研究认为：那是西汉劳动人民利用力学原理的成果。这面透光铜镜的直径 74 毫米，镜面外凸，有阔厚的外缘及很薄的镜体，由青铜铸成。浇铸成型后，薄镜很快冷却下来，但阔厚的外缘却冷却得很慢，于是阔厚的外缘对很薄的镜体在冷却收缩过程中沿其四周有一种压力，随着磨工磨镜面，这种压力就逐渐显现出来，这压力使镜面各处由于镜背图案、文字造成的薄厚，产生出肉眼很难辨认的外凸，形成了与图案、文字相应的微小变化，致使镜面的曲率不同。太阳一照恰如透光一般，把镜背的图案和文字反射到对面墙上了。

重心与稳定平衡

玩具世界有一名倔强的老倔头，那就是惹人喜爱的不倒翁。不倒翁是一个慈眉善目的乐呵呵的老头儿的形象。因为被扳倒后会顽强地站起来，所以又叫“扳不倒儿”。这是我国的一种古老玩具。据古书记载，唐代就有不倒翁。不过，起初它叫“酒胡子”，是一位喝得醉醺醺的老头儿的形象，原来不是儿童玩具，而是大人劝酒用的：用醉不倒的不倒翁来鼓励人家多喝酒。劝人家过量喝酒并不是好事。后来它演变为儿童玩具，倒挺有意思，因为它可以帮助我们学习力学知识。

扳不倒的不倒翁

物理学教科书告诉我们：一个物体的重

心越低或者支面越大，它就越稳定；反过来，重心越高或者支面越小，它就越不稳定。可是不倒翁的构造却十分特别。它上虚下实，重心极低，这本该使它十分稳定；而它的底部却是半圆球形的，支面小到近似于一个点，这又使它十分不稳定。就是支面小使它容易被按倒，而重心低又使它顽强地站起来。它是一种有趣的玩具，谁都喜欢玩它；而在玩耍中，又可以帮助我们形象地理解物体的重心和稳定性的道理。

直到如今，不倒翁这种玩具对技术革新家也很有启发。1959 年，四川省一个小煤矿的职工，就参照不倒翁原理，创造了一种自动卸煤用的别开生面的翻笼车。

这种设备主要包括活动轨道和小车两个部分。活动轨道架设在陡直的山崖旁，下面是悬空的，两端与固定轨道衔接。给活动轨道安装一根平行于线路的转轴，使它可以绕轴转动。在活动轨道底部加装重物，使它的重心位于转轴下面最低处。这样，活动轨道就类似不倒翁：可以施力使它翻转，而外力一撤去它又自动扶正。一辆装煤的小车推上活动轨道，就被活动轨道钩牢，连成一体。这时轨道、车子和煤的复合体的重心位于转轴以上的高处。重心一高，就易翻转，它不再是不倒翁了，来个鹞子大翻身，把煤卸在下面停着的运输车上拉走。煤倒空后，剩下的轨道和小车的复合体的重心又位于轨道下面略高处，成了不倒翁，能够自己扶正。翻笼车与不倒翁不同的是：不倒翁的重心是固定的，而翻笼车的重心是不固定的，有上面讲的高低不同的三次位置变化。

书桌上放着一个不倒翁，浑圆的身体，一张笑眯眯的脸，书读累了，你会去逗它一下，把它推倒了，可它马上又笑嘻嘻地站起来，好倔强的脾气。不倒翁告诉我们一个非常有用的物理知识，就是物体怎样才能平衡。放在地上的凳子，摆在桌面上的台灯都处于静止状态，在物理学上就叫做平衡，但是同学们是否注意到，同样是处于平衡状态的物体：一本书竖在桌子上，轻轻地用手一推，啪的一声便倒在桌子上，而不倒翁推倒了却一下又能站起来。这就是说，平衡里也有不同：一件东西立在那儿，轻轻地推一下，它晃了几晃又重新立稳，这种平衡叫稳定平衡；如果轻轻地一碰就倒，叫做不稳定平衡，不倒翁是稳定平衡，立在桌面上的书本、铅笔等是不稳定平衡。

什么是重心呢？走钢丝的杂技节目很惊险，是由于观众总害怕演员摔下来。杂技演员始终处于一个不稳定的情况下，演员必须不断小心地调整自己身体的姿势，保持身体的平衡，顺利地通过钢丝。

有一种看上去更加惊险的摩托车走钢丝，摩托车不仅在钢丝上行驶，而且车身的下面还挂着一个沉重的车厢，坐在车厢里的演员还做出多种高难度动作，看上去使人觉得更加惊险，其实这个节目倒十分安全，因为挂在下面的车厢使整体的重心下降到钢丝绳的下面，反而成为一种十分稳定的平衡。

悬挂是一种最稳定的平衡。过去汽车大赛的时候，由于赛车车速太快，常常发生车翻人亡的悲惨事故，如今设计出一种新型的“低悬挂”型赛车，车轱辘很高，车厢很低，使汽车整个重心落在车轴的下面，等于把车身挂在了车轴的下面，所以把这种赛车弄翻很不容易。

你也许没有看到过悬挂在空中的火车，如果有这种火车你敢乘坐吗？目前许多国家已在发展这种火车，它的名字叫单轨列车。它只有一条架在空中的铁轨，车厢挂在下面，实际上它比双轨火车还要安全。单轨列车是一个曾经在沙漠工作过的法国工程师拉尔廷纽为了解决沙土经常掩埋沙漠中的铁轨而设计出来的。据说他受到沙漠之舟——骆驼背上分挂在两侧的货物的启发，想到可以将车厢横跨在铁轨的两边，使重心低于铁轨，这样列车就不会翻倒，铁轨也不会被沙土掩盖，列车还可以跨过河流、沼泽地区，又不占农田，从空中通过，因此这个设计受到了人们的欢迎。

人的重心在哪里？众说不一，有的说在腰，有的说在脐，有的说在骨盆中心……查一查力学书，没有提到。查一查医学书，没有提到。查一查美术书，在人物画上，确有人的重心位置的阐述：“重心是指人体的重量中心，静止时重心位于人体骶骨与脐孔之间。从前面看，便在脐孔的上下、左右。”应该说，以上对重心位置的说明是不严格的，因为人在静止时具有各种姿态，或站或坐，或平躺或“卧似弓”，或弯腰瞬间或武打“亮相”，一旦运动，重心更不知在哪了？

在力学上有一种简单确定物体重心的方法，对于匀质平面物体，抓住一点让其在自重作用下自由下垂，通过所抓住的这点画上一条垂直线；又抓住物体另一点让其在自重的作用下自由下垂，通过所抓住的点画另一条垂直线，这两条所画垂直线的交点即为该物体重心位置，这种方法叫做试挂法。我们可以在厚纸板上画上人体的不同姿态，把它们剪下，用试挂法确定出其重心。当人体直立时，重心在脐孔附近，与美术书介绍的差不多。当弯腰手伸直至地面或人坐地腿伸直手上举，重心却跑到了体外。当人坐在椅子上，重心比直立时也下降了。

现在可以明确回答人的重心在哪里了。人的重心随着人的不同姿态在不同的位置。人在运动时，重心也在不断地变动。

始终保持水平状态的香炉

《西京杂记》卷上记载："长安巧工丁谖者，为常满灯……又作卧褥香炉，一名被中香炉。本出房风，共法后绝，至谖始复为之。为机环转运四周，而炉体常平，可置之被褥，故以为名。"就是说，汉武帝时，首都长安有位叫丁谖的巧匠，他制成了当时已经失传的"被中香炉"。在香炉中贮存着香料，点燃以后，放在被褥之中，随意滚动，香炉能始终保持水平状态，不会倾翻，香火也不会倾撒出来。这种巧妙的香炉到底有没有呢？是不是《西京杂记》的作者夸大其词呢？这个不解之谜，直到1963年，考古工作者在汉唐的古都西安发现窖藏一处，在200多件金银器皿中，发现了好几个"被中香炉"，人们研究了它的构造，才算有了答案，确实像《西京杂记》上说的一样。

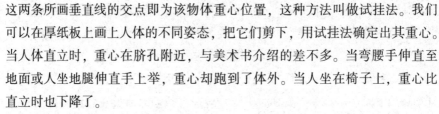

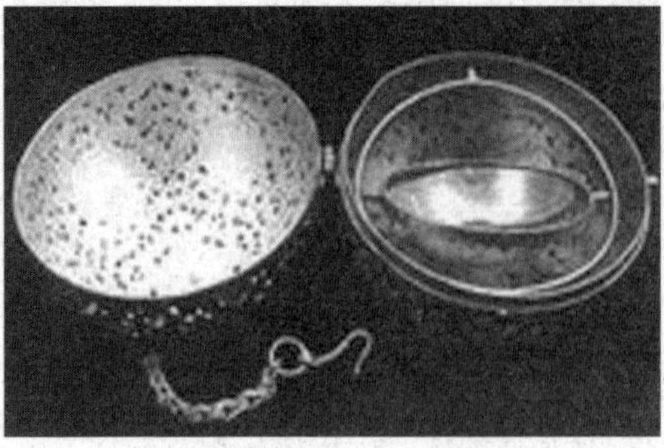

始终保持水平的被中香炉

原来，这种"被中香炉"是一个银制的高约5厘米的球形炉子。外壳由两个半球合成。壳上镂刻着精美的花纹，花纹间有空隙，借以散发香气。球壳内部装有大小两个环，大环装在球壳上，小环则套在大环内，两个环的轴相互垂直。置入香料的金碗又用轴装在内环上，并使金碗的轴与两个环的轴都保持垂直。由于这三根轴互相垂直，不论香炉的外壳如何滚动，置放香料的金碗在重力作用下，能始终保持水平状态。

被中香炉最初称鉟。最早记载为西汉司马相如的《美人赋》。1963 年在西安沙坡村出土的唐代银质被中香炉，球体外径 50 毫米，制作精细、镂刻雅致。被中香炉不仅是一种艺术珍品，从机械学的观点看，也是一项重要创造。

1987 年，在陕西省扶风县法门寺塔基地宫内出土了一大批唐代宫廷稀世珍品，这是我国考古发现史上的一件大事。在出土的大批金银器中，有两件鎏金双峰团花纹镂空银薰球，即银制的“被中香炉”，其中一件直径 128 毫米，是国内现存最大的一枚银薰球。

银薰球的这种结构完全符合现代航空航海中使用的陀螺仪原理。罗盘就是悬挂在一种称为“万向支架”的持平环装置上。这样，无论有多大风浪，船体怎样摆动，也无论在怎样复杂的气流中，飞机如何颠簸，罗盘始终保持水平状态，确保正常工作。

陀螺仪在现代的宇航、航空、航海事业中，已经扮演了重要的角色。在这种仪器中，由于有了万向支架的支撑，可以让陀螺的转轴指向任意方向。在《西京杂记》的记载中，丁谖还不是“被中香炉”的发明人，只是将失传的事物再行创造出来，换句话说，“被中香炉”的发明还要早于丁谖活动的年代（公元前 140 年—公元前 80 年）。西方直到公元 1500 年才由意大利科学家达·芬奇提出类似的设计，比我们的祖先起码晚了 1 600 年。

巧妙利用重心的欹器

我国古代最有名的学者孔夫子是鲁国（在今山东省西南部）人，他在鲁国首都曲阜办私人学校，学生很多。

有一天，他在学生子路（仲由，公元前 542 年—公元前 480 年）等人陪

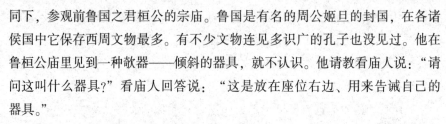

同下，参观前鲁国之君桓公的宗庙。鲁国是有名的周公姬旦的封国，在各诸侯国中它保存西周文物最多。有不少文物连见多识广的孔子也没见过。他在鲁桓公庙里见到一种欹器——倾斜的器具，就不认识。他请教看庙人说：“请问这叫什么器具？”看庙人回答说：“这是放在座位右边、用来告诫自己的器具。”

孔夫子到底学问渊博，尽管他没见过欹器，可是听说过了，而且知道它的作用和意义。他就让学生拿水来灌注欹器。原来，欹器适量灌水能正过来，灌满了水却倒扣过来，水倒空了又恢复倾斜。孔夫子就借以训诫陪同的学生们说：“恶有满而不复者哉”，即什么事都要做得适当，绝对不可做过头。

尽管孔老夫子讲的话不无道理，可是这里我们最感兴趣的，还是欹器的秘密：它的构造和原理到底是怎样的？

很可惜，不仅当时的欹器实物没有流传下来，而且连它的具体构造古书上也没有记载。由于这种装置相当吸引人，因此历代都有不少学者去考证它、复制它。他们还做出种种欹器的设计。不过，他们都是根据自己的科学技术知识去揣摩的，不能代表孔夫子以前的古人。

现代考古的成就，倒给欹器的来历提供了扎实的线索。1921 年，考古学家们在河南省渑池县仰韶村发现了我国新石器时代的一种文化——“仰韶文化”。后来逐渐弄清，它广泛分布在黄河中下游，持续时间是公元前 5000 年—公元前 3000 年，大约就是传说中的神农氏炎帝的时代吧！仰韶文化是我们中华民族最重要的史前文明。

考古学家们发现，仰韶人特别喜欢使用一种挺好玩的尖底陶瓶来打水。这种陶瓶的半腰有双耳，可以穿进绳索。由于瓶子的重心在双耳以上，因此用绳子挂起来，瓶体是倾斜的。这样，将它缒到河里去，它就能自己斜过来让水进去，并不需要摆动它，打起水来很方便。而陶瓶灌水六七成满后，它的重心降到双耳以下，使它能自己扶正，往上提时水不会倾洒出来。要是你将它强按到水里去，盛满水，重心就升到比空瓶的重心更高的位置。提出水面时，由于倾斜会把水倒出一部分。这种尖底瓶已具备了欹器的条件。后来可能就从它发展成起座右铭作用的欹器。所用的材料也不限于陶土，还有用青铜铸的。青铜铸的欹器就更精美了。

攲器不奇，它是利用加水使重心位置改变的原理制成，是对力与力矩研究的结果。

攲器不奇，但确有其巧妙之处，它可以作为最简单的自动玩具，将会启发你去发明和创造。

知识点

力　矩

在物理学里，力矩是一个向量，可以被想象为一个旋转力或角力，导致旋转运动的改变。这个力定义为力叉乘径长。

力矩在生产生活中有着巨大的作用，力矩电动机就是根据这一原理制造的。所谓的力矩电动机是一种扁平型多极永磁直流电动机。其电枢有较多的槽数、换向片数和串联导体数，以降低转矩脉动和转速脉动。力矩电动机有直流力矩电动机和交流力矩电动机两种。

骑不动的自行车与摩擦力

有一天，周妈妈带着儿子小强来到海边玩，小强出门时一定要带上自己心爱的自行车。

到了海边，小强骑上自己的小自行车，但是在沙滩上始终骑不动。这时，妈妈走过来，微笑着对小强说："会骑自行车的小朋友都知道，自行车在沙滩上是寸步难行的，不管你用多大力气，轮子都是转不起来。下车看一看，你就会发现，自行车轮子的下边陷进了沙子里。车轮转不动，就是这些沙子在捣乱，是沙子用摩擦力拽住了轮子。"

回家后妈妈又给小强做了一个有趣的实验，妈妈用一个搪瓷缸、一把筷子和一大碗米来做实验：把筷子放在搪瓷缸里，用大米把筷子压实，你向上提筷子，筷子没拿出来倒把整个缸子提起来了。这也是摩擦力在作怪。

妈妈接着说："自行车陷进了沙滩，就像筷子插在压实的大米里一样，在车轮和沙子之间会产生很大的摩擦力，正是这个摩擦力拽住了车轮子。"

看完实验之后，小强从此不再倔强地骑自行车去海滩上玩了。

由上面的故事我们认识了摩擦力，那么摩擦力的科学定义是什么呢？摩擦力就是一个物体在另一个物体表面运动时，在两个物体接触面会产生一种阻碍运动的力。

我们知道踢出去的足球会慢慢停下来，是由于受到摩擦力的作用。用力推一辆汽车，没有推动，也是由于摩擦力的作用。切砖表演，也是凭借摩擦作用，能把砖一块块地黏在一起，直到黏一大沓而不掉下来。摩擦力，在杂技演员手中可以造成许多奇妙的景象。火车头对车厢的拉力来源于火车车轮和铁轨之间的摩擦力。木匠在把木板磨光滑的工作中，用砂纸在木板上靠砂纸和木板产生的摩擦力将木板打磨平滑的；汽车发动机靠与皮带的摩擦力将动能传给发电机发电；人们洗手时双手摩擦把手上的灰尘洗掉；洗衣机洗衣时转动使衣服和水产生摩擦；吃东西时牙齿和食物发生摩擦；用拖把擦地；用布擦桌子；用板擦擦黑板都会产生摩擦力。在我们的生活中只要物体相互接触都会产生摩擦力。

摩擦通常分为滑动摩擦、滚动摩擦和静摩擦几种。

车辆前进与摩擦力

自行车，在我们的生活中是屡见不鲜的。人们把它当做一种日常的交通工具。在平原的城市里，每天上、下班，上学、放学的时候，你看那大街上，自行车车流连续不断。小小的自行车把人们送到车间，送到机关，送到学校，送到人们各自的岗位上。

秋去冬来，严寒降临大地，在我们祖国的北方，滴水成冰，有时还雪花飘飘。如果下起鹅毛大雪，可以把枝头压弯，把地面上的一切统统掩盖起来，皑皑白雪把整个大地装点得分外清新、明亮。这美丽壮观的景象，在南国的一些地方几乎是看不到的。在北国，每逢大雪之后，孩子们总是欣喜若狂，他们堆起雪人，打起雪仗，追逐嬉戏，玩得痛快异常。但是，在这个时候，骑车的人们却感到为难。美丽的白雪点缀了大地，冻硬的积雪造成了地面的光滑。在大街上，经常可以看到骑车的人摔倒了。因此，下雪天，能不骑车的人尽量不骑车了，必须骑车的人也要小心翼翼。

我们知道，自行车有前、后两个车轮。后轮上有个飞轮，这飞轮通过链条与脚蹬的飞轮连接起来。当我们蹬自行车的脚蹬时，通过链条的带动，后轮就转动起来了。由于车轮的转动，在后轮与地面接触处，轮子有向后相对运动的趋势。这时，地面与它接触的地方要阻止车轮向后的相对运动，对车轮有一个向前的摩擦力，也就是说，后车轮受到一个向前的作用力。在这个摩擦力的作用下，后车轮获得了一个向前的加速度。由于支架的作用，前轮与后轮成为一个整体，所以自行车整体也就获得向前的速度，前轮也跟着车体一起要向前运动。在前轮与地面接触处，地面要阻止车轮的这种向前相对运动的趋势，因此对前轮有一个向后的摩擦力，这样，前轮就受到向后的摩擦力作用。

当我们蹬车的时候，自行车的后轮受到一个向前的摩擦力，而前轮受到一个向后的摩擦力，当向前的摩擦力大于向后的摩擦力，自行车便加速向前。当自行车匀速前进的时候，自行车受到的两个摩擦力，大小相等，方向相反。当我们不蹬车的时候，后轮是靠惯性前进的。这时，它受到的摩擦力与前轮受到的摩擦力一样，方向也是向后的。这时的自行车只受向后的摩擦力的作用，获得一个向后的加速度，因而车速越来越慢，直至最后停下来。

这样看起来，自行车所以能前进，就不单单是人蹬车的缘故了。的确，自行车是靠人蹬而前进的，没有人蹬，也就没有供给自行车的能量，自行车后轮不能旋转，车是动不了的。可是如果没有地面与车轮间的摩擦力，即使你用再大的劲去蹬车，自行车轮也只能原地打滑，丝毫不能前进。在雪地、冰冻的地面上骑车容易摔倒的原因，就是此情况下地面的摩擦太小了的缘故。

你仔细观察过自行车或汽车的轮胎吗？知道为什么轮胎上会有各种花纹吗？

和自行车前进一样，日常生活中汽车在公路上行驶是靠汽车轮胎与地面的摩擦力向前行进的。汽车、自行车等橡胶轮胎上加上这些花纹而变得凸凹不平，目的是增加轮子与地面间的摩擦力，防止轮子在地面打滑。

加有花纹的汽车轮胎

早在1892年前后，人们制造车轮时就开始在轮胎上加花纹了，当时的花纹都很简单，随着车辆速度、载重量的提高，路面的改进，轮胎花纹也在不断变化，以适应新的要求。现在的轮胎花纹大致分为通用、高越野性和联合式花纹三大类。而它们的几何形状有纵向直线、横向直线、斜线、块形和混合式等五种，各种花纹适合不同的行驶情况。例如，公共汽车轮胎上常见的是纵向直线型和锯齿型花纹，适合在硬性路面上行驶，可以消除噪声，也称无声花纹。车辆在荒野及松软土地上行驶，适宜使用高越野花纹，它块大、沟深，行驶时不容易陷在沟里，却很能“啃泥”，使轮子不打滑；拖拉机、起重机常在较疏松的泥地行驶，特别适合选用这类花纹的轮胎。联合式花纹轮胎适应性强，既能在硬性路面上行驶又可在松软路面上行驶，甚至可以在冰雪路面上行驶，因此使用最为广泛。

鱼洗喷水的秘密

鱼洗是我国古代的一种盥洗用具，由青铜浇铸而成的薄壁器皿，形似现在的洗脸盆。盆底装饰有鱼纹浮雕的，称“鱼洗”；盆底装饰两龙纹浮雕的，称“龙洗”。这种器物在先秦时期已被普遍使用，而能喷水的铜质鱼洗大约出现在唐代。它的大小像一个洗脸盆，底是扁平的，盆沿左右各有一个把柄，称为双耳；鱼嘴处的喷水装饰线从盆底沿盆壁辐射而上，盆壁自然倾斜外翻。

鱼洗奇妙的地方是，用手缓慢有节奏地摩擦盆边两耳，盆会像受击撞一样振动起来，盆内水波荡漾。摩擦得法，可喷出水柱。当两手搓双耳时，产生两个振源，振波在水中传播，互相干涉，使能量叠加起来，所以这些能量较大的水点，会跳出水面。这是符合物理学的共振原理的。鱼洗的制作，无疑涉及固体振动在液体中传播和干扰的问题。我国有些博物馆，珍藏有这种珍贵的古代鱼洗。

现在许多城市的科技馆里都有鱼洗，同学们可以亲自去试一试。往盆内注入一定量清水，用潮湿双手来回摩擦铜耳时，可观察到伴随着鱼洗发出的嗡鸣声中有如喷泉般的水珠从四条鱼嘴中喷射而出，水柱高达几十厘米。

摩擦喷水的鱼洗

为什么一个铜盆就能喷水呢？想必你已经猜到了，对，就是摩擦力在作怪。

从振动与波的角度来分析是：由于双手来回摩擦铜耳时，形成铜盆的自激振荡，这种振动在水面上传播，并与盆壁反射回来的反射波叠加形成二维驻波。

理论分析和实验都表明这种二维驻波的波形与盆底大小、盆口的喇叭形状等边界条件有关。我国汉代已有鱼洗，并把鱼嘴设计在水柱喷涌处，说明我国古代对振动与波动的知识已有相当的掌握。

知识点

共振现象

共振是物理学上一个运用频率非常高的专业术语。共振的定义是两个振动频率相同的物体，当一个发生振动时，引起另一个物体振动的现象。共振在声学中亦称“共鸣”，它指的是物体因共振而发声的现象，如两个频率相同的音叉靠近，其中一个振动发声时，另一个也会发声。

共振不仅在物理学上运用频率非常高，而且，共振现象也可以说是一种宇宙间最普遍和最频繁的自然现象之一，所以在某种程度上甚至可以这么说，是共振产生了宇宙和世间万物，没有共振就没有世界。共振现象在生产生活中也被广泛应用，乐器暂且不论，我们每天看的电视和收听的收音机就是根据共振原理而接收信号的。

先上升后下降的肥皂泡

日常生活中，我们常看到一些小朋友吹肥皂泡，一个个小肥皂泡从吸管中飞出，在阳光的照耀下，发出美丽的色彩。此时，小朋友们沉浸在欢乐和幸福之中，我们大人也常希望肥皂泡能飘浮于空中，形成一道美丽的风景。但我们常常是看到肥皂泡开始时上升，随后便下降，这是为什么呢？

这个过程和现象，我们只要用心想一下，就会发现，它其中包含着丰富的物理知识。在开始的时候，肥皂泡是从嘴里吹出的热空气，肥皂膜把它与外界隔开，形成里外两个区域，里面的热空气温度大于外部空气的温度。此时，肥皂泡内气体的密度小于外部空气的密度，根据阿基米德原理可知，此时肥皂泡受到的浮力大于它受到的重力，因此它会上升。这个过程就跟热气球的原理是一样的。

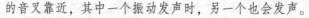

先上升后下降的肥皂泡

随着上升过程的开始和时间的推移，肥皂泡内、外气体发生热交换，内部气体温度下降，因热胀冷缩，肥皂泡体积逐步减小，它受到的外界空气的浮力也会逐步变小，而其受到的重力不变，这样，当重力大于浮力时，肥皂泡就会下降。

生活中无处不在的惯性

乘过汽车的人，会有这样的亲身感受：当汽车拐弯的时候，身体都不由自主地往外倾倒。这是怎么回事呢？原来，当我们坐在汽车中跟汽车一起向前飞奔的时候，我们的身体也具有一个向前的运动速度。当汽车拐弯时，我们的脚已经跟着汽车拐弯，而我们的身子却由于惯性沿着原来方向往前冲。要不是车厢帮了我们的忙，恐怕大家都要被甩出去，摔下来。难怪公共汽车上的售票员当汽车快到拐弯处都要关照大家注意呢！如果碰到特殊情况，司机紧急刹车，这时乘客就会不由自主地向前倾倒。大家都将会吃些苦头。如果不懂得惯性的道理，可能还要互相埋怨呢。

知道了物体的惯性，就应该懂得，造成这种不愉快的根源，在于物体的惯性。你想，如果遇到紧急情况，司机只关闭发动机而不刹车能行吗？不行的。由于惯性，关闭了发动机的汽车仍要继续往前运动，依然会发生危险，这时的司机，只有采取紧急刹车的措施，用一种力量强迫汽车停下来，才能避免发生事故。车上的乘客，紧贴车厢地板的脚，随着汽车骤然停止运动，可是上身由于惯性的缘故，却向前倒过去，这就不可避免地要发生互相挤压的场面了。

既然物体都具有惯性，那么汽车关闭发动机以后，为什么它并不永远地运动下去，而最后终究要停下来呢？汽车关闭发动机以后，如果没有受到外力的作用，它将由于惯性而永远地运动下去。可是，实际情况并不是这样呀！你看，汽车的轮胎与地面之间存在着摩擦的作用，汽车内部机件之间也存在摩擦。可以看出，这时的汽车并不是惯性定律说的没有受到外力的情况。在这些摩擦的阻碍作用下，汽车终要慢慢地停下来的。

惯性固然在某些场合给人们带来一些苦头，可是，倘若没有惯性，那么我们的世界也将是难以想象的。假如没有“静者恒静”这种性质，放在桌上的收音机，一会儿跑到这儿，一会儿又窜到那儿，屋里的东西自己随便到处乱窜；世界上各种物体，包括房屋、树木、石头、花草，都将随意变更自己的位置，这样的世界将是毫无秩序，一片混乱。

假如没有“动者恒动”这种性质，也就是说，如果物体运动起来后没有保持自己原来运动状态的性质，那么，当静止物体在外力作用下而启动之后，一旦失去外力的作用，它就不能保持它具有的速度继续运动而马上就会停下来，这也是一种难以想象的场面。如果这样，一切枪、炮都将无法使用。因为子弹、炮弹从枪膛、炮膛中飞出来以后，就失去火药爆炸时产生的气体对它们的推动作用。如果没有惯性，它怎么射向敌人的阵地呢？如果没有惯性，一切球类活动也将是无法进行的。球在人们的手、脚或球拍的作用下由静止开始运动，一旦离开手、脚或球拍的作用，如果马上就要停下来，叫人怎么进行球类活动呢？如果没有惯性，钟摆将不能来回摆动，无法用来计时；内燃机将无法工作。我们居住的这个地球以及其他天体，也将不能按它们的轨道运转，也不自转，将不存在白天与黑夜交替、春秋夏冬循环的规律。这就是说，一旦失去惯性，宇宙之间的一切活动都将终止……的确是无法想象的。

如此看来，惯性与我们的生活是多么息息相关呀！在日常生活中，我们经常与惯性打交道。房间里处于静止状态的东西，由于惯性，都安分守己地保持着自己的静止状态，使房间中的秩序井然。在生产劳动中，我们经常使用铁锹扬土，这时正是利用惯性，才将铁锹中的泥土扬了出去。当我们的衣服沾上尘土，大家都晓得用手拍打一阵，尘土就拍掉了。其实，这也是利用惯性的原理，衣服被拍打产生运动，而沾在上面的尘土由于惯性保持不动，这样尘土便离开了衣服，从而达到把尘土拍掉的目的。洗完衣服，人们经常将衣服用力一抖，这样便可以抖去衣服上的水滴，实际上也在利用着惯性。当汽车、火车快要进站时，司机总是在没进站之前就关闭了发动机，依靠惯性让车缓慢地驶进车站。这样做，一方面可以节省燃料，另一方面又可以避免突然停车使车身受到剧烈震动，保证车上旅客的安全。用火箭发射人造卫星或宇宙飞船，当火箭穿过大气层进入宇宙空间后，就可以借助惯性飞行，不必再开动发动机……所有这些，都是人们利用惯性的表现。

不仅人类在有意无意地利用着惯性，就是动物，也经常无意地利用惯性。鸟类用嘴叼来树枝、修筑起形形色色的窝巢。你看过电影《可爱的动物》吗？这部影片拍摄了许多大沙漠中动物的生活镜头。经过影片作者的精心编排，再加上颇有风趣的解说，使人看完这部影片之后，印象深刻。在这部影片中，就有不少记录生活在大沙漠中鸟类生活的镜头。在无边无际的大沙漠上，偶尔有几棵耸立的古树，这树，就是沙漠上百鸟的乐园，在树枝之间它们搭起各式各样的窝巢，有公寓式的、有多层楼房式的……多少年来，它们就在这里安居乐业、休养生息。有的窝巢甚至有上百年的历史，风雨无恙。鸟类的建筑艺术也算够高明的。你试想一下，要是没有惯性，鸟类能筑起这各式各样的建筑物吗？

另外，我们还经常可以看到，不慎落水的鸡狗，它们上岸之后，总是使劲地抖动羽毛，甩掉羽毛上的水珠。就是那喜欢在水中嬉戏的鸭和鹅，它们上岸之后，也要抖去身上的水滴，这不也是在利用着惯性吗？

基色猎熊与剡溪捕鱼

美国杰出的进步小说家杰克·伦敦写过一篇著名小说《猎熊的孩子》，文中描述了聪明的小孩基色猎熊的故事：……基色威风地说："男人们，快带着狗和雪橇，顺着我的足迹，走一天，在那里有一只母熊和两只小狗熊的肉，等你们去取。"

他的话大家都不相信，打白熊，况且是打带着小熊的母熊，这要冒莫大的危险！基色怎么能完成这个奇迹呢？但女人们说，基色的确是带了小熊的肉回来的……人们终于把基色打死的熊拖了回来。

基色猎熊靠什么？还是听听基色自己的介绍吧："好吧，我来向你们揭开这个秘密。你拿一块鲸油，把它摆成一个小穴，然后把紧紧弯曲着的鲸须嵌在这个小穴内，再用一块鲸油封牢。然后拿到冷空气中，就成了一个冰冻的小球。熊吞了这个小球，油融化起来，鲸须就在它的肚皮里伸直起来，熊就不好过了。当它十分难受的时候。你就走近它，用矛把它杀死。”

原来，聪明的基色是利用了鲸须的弹力来捕猎白熊的。弹力可以猎熊，也可以捕鱼。

李白在《梦游天姥吟留别》的诗作中，有两句诗：“湖月照我影，送我到剡溪。”剡溪是浙江省境内曹娥江的上游，东晋大画家顾恺之叹为“千岩竞秀，万壑争流”，白居易称之“东南山水越为首，剡为面”，山清水秀，景色迷人。那里的人们勤劳、智慧，捕鱼除撒网、下钩、放鱼鹰、灯光诱捕外，还有用竹片捕鱼的呢。

浙江四明山、会稽山，自古是著名竹乡，剡溪一带竹的品种有名的就有17 种。东晋时，竹编技术已相当发达，当时王羲之的好友许询对剡溪的竹扇题过一首绝句：“良工眇芳林，妙思触物骋；篾短秋蝉翼，因助望舒景。”利用竹子是剡溪儿女长年积累知识的创造。

剡溪儿女是如何利用薄竹片捕鱼的呢？

首先，用薄竹片弯成环状，以香饵固定，趁着月色，乘小划子在溪中放线，线上挂着一个个薄竹片环。夜里，鱼闻香咬饵，薄竹片环随即弹开，撑住鱼嘴挂住了鱼。清晨，渔歌声中顺线提鱼，尾尾还是活蹦乱跳的呢！基色用鲸须弹力猎白熊，剡溪儿女用薄竹片弹力捕鱼，一中一外，一南一北，各有巧妙，却都是利用弹力为人类服务。

先沉后浮的汤圆

元宵节是中国的传统节日，这一天全家欢聚，常常煮汤圆以示庆贺。园园在帮姥姥煮汤圆时发现，生汤圆放入锅中就沉了下去，而煮熟的汤圆却都浮了起来。同学们，你们知道这是为什么吗？

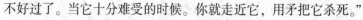

浮起来的汤圆

答案很简单，生汤圆放入锅中，由于浮力小于重力而下沉，煮熟的汤圆因其内部气体受热膨胀，浮力增大，致使浮力大于重力，汤圆上浮。

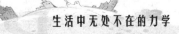

雨衣与水的表面张力

下雨天，外出的人们不是打伞，就是穿雨衣。

雨衣为什么不透水呢？奥妙就在制作材料上。就拿布制雨衣来说吧，它是用防雨布（经过防水剂处理的普通棉布）制成的。防水剂是一种含有铝盐的石蜡乳化浆。石蜡乳化以后，变成细小的粒子，均匀地分布在棉布的纤维上。石蜡和水是合不来的，水碰见石蜡，就形成椭圆形水珠，在石蜡上面滚来滚去。可见，是石蜡起了防雨的作用。物理学上把这种不透水的现象，叫做“不浸润现象”。

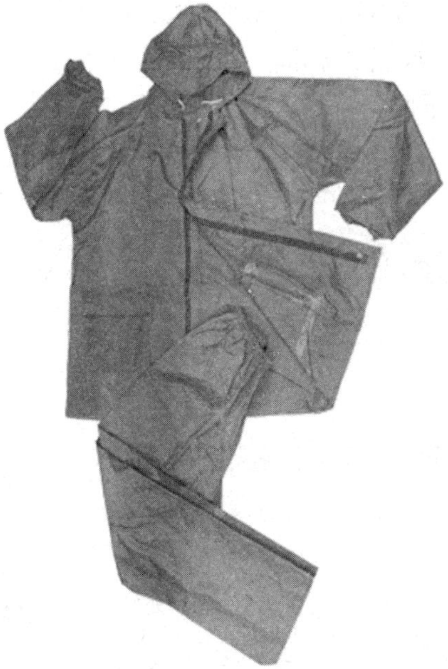

利用力学原理制成的雨衣

物体是由分子组成的。同一种物质的分子之间的相互作用力，叫做内聚力；而不同物质的分子之间的相互作用力，叫做附着力。在内聚力小于附着力的情况下，就会产生“浸润现象”；反之，则会出现“不浸润现象”。雨衣不透水，正是由于水的内聚力大于水对雨衣的附着力的缘故。

物理学还告诉我们：水的内聚力作用在水表面形成表面张力。水的表面张力使水面形成一层弹性薄膜，当水和其他物体接触时，只要水对它不浸润，那么这层弹性膜就是完好的、可以把水紧紧地包裹着。有人试验过：巧妙地把水倒进浸过蜡的金属筛里，水并没有从筛眼里漏下去。

常见的玻璃，看起来光滑晶亮。可是，水遇上它，却紧紧地缠住不放，带来了种种麻烦：下雨的时候，车前窗玻璃上的雨水挡住了司机的视线，很不安全，于是只好开动划水器，把雨水排去；戴眼镜的人，在喝热水的时候，镜片立即蒙上一层雾气，挡住了视线，什么东西也看不见了。

人们知道了水的表面张力的特性，了解了水的内聚力与附着力的关系以后，不仅巧妙地制成了雨衣，而且还造出了新颖的“憎”水玻璃——在普通玻璃上涂一层硅有机化合物药膜，它大大削弱了雾气对玻璃的附着力。用这种憎水玻璃做镜片，为戴眼镜的人解除了蒙雾的苦恼；把这种玻璃安在车的前窗上，划水器也就用不着了。现在你该能说出篷布、布伞不漏雨的道理了吧！

拔河比赛与摩擦力

要是你没参加过拔河比赛的话，我想，你至少应该看过拔河比赛。

摩擦力决定胜负的拔河比赛

在拔河场地上，比赛的双方憋足了劲，总想战胜对方。围在两边的观众也显得非常焦急，有的拼命为比赛的双方大喊“加油”，有的恨不得能上前去助上一臂之力。你看，在决战之前，比赛双方还要各自相聚，议论一番，寻找战胜对方的“策略”。对这种举动，你们可能不甚理解，“拔河比赛，每个人使最大的劲就可以了，还当真有什么制胜的‘诀窍’吗？”是的。你不要以为在拔河中，谁胜利了，就一定是他们这方拉绳子用的力大。如果你是这样想的，那你就错了。

实际上，在拔河比赛中，如果忽略绳子的质量，那么甲方作用在绳子上的力的大小应该等于乙方作用在绳子上的力的大小。由牛顿第二定律，我们可以说明这个结论是正确的。在拔河比赛中，绳子只受甲、乙双方作用在它上面的两个力，这两个力的合力应该等于绳子的质量与它运动加速度的乘积。如果忽略绳子的质量，这两个力的合力必然为零。因此，甲、乙双方分别作用在绳子上的两个力，应该大小相等，方向相反，并不存在战胜者的一方作用力大的情况。既然如此，胜利者一方是靠什么“诀窍”战胜了对手呢？原来，决定拔河胜负的秘密存于脚下的摩擦力。

请看这样的拔河比赛，一个大力士脚蹬冰鞋，站在光滑、平坦的冰湖面上，他的“对手”则是站在岸上的小学生。这场拔河比赛的结果是，小学生不费吹灰之力就赢了大力士。这个魔术般的胜利，原来是大力士脚下的摩擦力太小的缘故。在拔河过程中，大力士和小学生都受到绳子的拉力和地面的摩擦力，不计绳子的质量，绳子对大力士的拉力与对小学生的拉力，大小是一样的，而地面对大力士的摩擦力小，对小学生的摩擦力大，这样，大力士要沿着绳子拉他的力的方向加速运动，小学生却要沿着与绳子拉力相反的方向——摩擦力的方向，加速运动，小学生取胜了！

这个有趣的拔河比赛，使我们得到了启示，拔河比赛中，要使自己的一方赢得胜利，在憋足劲的同时，就应该找增大自己一方脚下摩擦力这个“诀窍”。我们知道，摩擦力跟人对地面的压力有关系，跟地面和鞋底的摩擦系数也有关系。如果比赛双方摩擦系数相差不多，那摩擦力就和双方的体重有关，体重大的一方往往占优势。如果双方体重相差不多，而其中一方穿塑料底鞋的多，另一方大部分是穿胶鞋的，那么，穿胶鞋的一方由于摩擦系数较大，将得到较大的摩擦力而取得优势。我们还可以用脚使劲蹬地，在短时间内可以对地面产生超过自己体重的压力。再如，人向后仰，借助对方的拉力来增大对地面的压力，等等。其目的都是尽量增大地面对脚底的摩擦力，以夺取比赛的胜利。看来，拔河比赛全靠摩擦力帮忙。

别以为只有拔河比赛的时候才用到摩擦力，其实，我们经常与摩擦力打交道，只不过我们没去留意它罢了。

如何增大摩擦力和减少摩擦力？风吹过海面时，风对海面的摩擦力以及

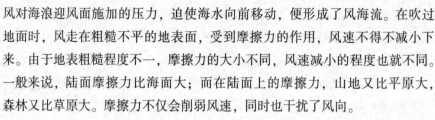

风对海浪迎风面施加的压力，迫使海水向前移动，便形成了风海流。在吹过地面时，风走在粗糙不平的地表面，受到摩擦力的作用，风速不得不减小下来。由于地表粗糙程度不一，摩擦力的大小不同，风速减小的程度也就不同。一般来说，陆面摩擦力比海面大；而在陆面上的摩擦力，山地又比平原大，森林又比草原大。摩擦力不仅会削弱风速，同时也干扰了风向。

拔河比赛告诉我们影响摩擦力大小有两个因素：一个是接触面的粗糙程度，一个是压力的大小。

第一，摩擦力的大小与接触面间的压力大小有关，接触面粗糙程度一定时，压力越大摩擦力越大。生活中我们有这样的常识，当自行车车胎气不足的时候，骑起来更费力一些。

第二，摩擦力的大小与接触面的粗糙程度有关，压力一定时，接触面越粗糙，摩擦力越大。

因此，我们在增大或者减少摩擦力时就可以采取增大或减少接触面的粗糙程度或者是增加或减少压力。下面我们来看几个例子，帮助你更清楚地理解。

因为物体的接触面越粗糙，摩擦力越大。所以所有的柏油路都不是光滑的，这时为了让汽车在路面行驶时，轮胎与粗糙的柏油路面接触，增大摩擦力。为了减小接触面间的粗糙程度，风扇转轴要做得很光滑，这样才能转得快。玩沙弧球时，要想使球滑动得快，就要在台子上多放些沙子。这样就减少摩擦。如果沙子少了，摩擦面大，球就滑得慢。古代的车，轮和轴之间直接摩擦很容易损坏，现在轮和轴之间有了轴承，减少了摩擦，车快了还不容易损坏。钟表加油可以减少摩擦力，使走时更准确。滑冰场上，工作人员经常打扫冰面使它平整，可减少摩擦，加快滑冰的速度。

知识点

摩擦系数

所谓的摩擦系数是指两表面间的摩擦力和作用在其一表面上的垂直力之比值。它是和表面的粗糙度有关，而和接触面积的大小无关。依运动的性质，它可分为动摩擦系数和静摩擦系数。

如果两表面互为静止，那两表面间的接触地方会形成一个强结合力——静摩擦力，除非破坏了这结合力才能使一表面对另一表面运动，破坏这结合力，对其一表面的垂直力之比值叫做静摩擦系数。在物体启动后，如汽车过了些时候它会慢慢地减速下来，最后静止，这表示物体运动时，它的表面和另一表面，如地面，仍然存在摩擦力，而实验发现此力比静止时的摩擦力来得小，我们定义这摩擦力和垂直于地面的作用力之比为动摩擦系数。

杂技表演中的力学

在各种各样的杂技中，蕴含着丰富的力学原理，利用力学原理不仅保证了杂技的安全性而且可以让演员最大限度地展现杂技的精彩之处。

走钢丝

高空走钢丝是典型的物体平衡问题，主要利用了物体共点力平衡和力矩平衡的原理。这是一种有支轴的平衡（轴即双足），其中心在支轴的上面，是一种不稳定平衡，重力的作用线稍稍偏离支轴，即可产生一个倾覆力矩，演员就有掉下来的危险。演员通过手持长竿解决这个问题。

用长竿保持平衡的高空走钢丝

运动员手持长竿，一方面由于长竿的质量较大，有助于保持人与竿的质心位于平衡位置。另一方面，竿的转动惯量较大，可大大降低演员摇摆时的角加速度，给了演员充分时间调整自己的平衡。

2000 年 12 月 31 日，“高空王子”阿迪力在上海的中环商务大厦之间成功地表演了高空走钢丝。在实际表演过程中，演员不仅需要很好的心理素质，力学知识也同等重要。在户外高空，演员还需要同不稳定的空气流展开搏斗，必须能灵敏的估计出自己的受力情况和相应需要改变竿状态幅度。

相比之下，空手走钢丝具有更大的难度，但原理是一样的。

气功砸碎石

杂技表演中在演员的头上放几块砖，另一演员举起铁锤用力砸下去，顶砖者却安然无恙。

人的颈项，具有一定的弹性，据此可用一根弹簧作为力学模型，设其弹性系数为 k，每一块砖的质量为 m，如果表演者头上顶着 n 块砖，整个表演可简化为：弹性系数为 k 的弹簧固定于地面，其上方压着 n 块质量为 m 的砖块，现用铁锤向下猛击砖块，设力为 F，上面块砖对弹簧的作用力即为人的颈项承受的压力。在打击之前，设弹簧对转的支持力为 $f=nmg$（1）。击打 n 块砖的瞬时加速度为 $a=F/nm$（2）；设第 $n-1$ 块砖对第 n 块砖的作用力为 N，则对第 n 块砖有 $N-F+mg=ma$（3）。

气功砸石

由（1）、（2）、（3）式可解得：

$N=(n-1)mg+F/n$（4）。

也就是说人的颈项所受到的作用力不是 $nmg+F$，而是 $nmg+F/n$。n 越大则所受压力越小，而砖越多越安全。

另外，头上放砖块增大了接触面积，减小了压强从而保证了演员的安全。

“踩不碎火柴盒”

少年朋友，你看过“踩不碎火柴盒”的表演吧。

给你一盒火柴，把装火柴的屉抽出来，将空盒皮竖立在地上。请你用一只脚踩到火柴空盒上，来一个“金鸡独立”。猜猜看，火柴盒能支撑起你的身体吗？

有人说：能。

有人说：不能。

你可以做一个实验。第一次实验产生的结果，大多是火柴盒受压歪倒在地，这是因为火柴盒的皮子是一个矩形，这是不稳定的形状，所以容易偏斜。此时火柴盒只是被压扁，而不是被压弯，木片并没有被压断！

如果谁能练出了一身功夫，当他的脚踩到火柴盒上的时候，能够控制住自身的重心，身体不晃动，火柴盒也就不会偏、斜。这时，你会看到一个奇迹：这个火柴盒居然能支撑起一个人的体重。

也就是说，50 多千克的重量压不断火柴盒的小木片。这恐怕是出人意料的事，然而，却是经过力学测试得到的准确答案！

上面这个表演，有人把它说成是“气功”，却不是真正的气功。只要你的腹部和胸部能撑起几百千克的石头，那么，你就能表演“胸上碎石”；只要你善于平衡，那么，你就能表演“踩不碎火柴盒”的轻功。

空中飞人

演员在乘秋千空中飞翔的过程中时刻进行着重力势能与动能的转化，荡秋千达到最高点时动能全部转化为势能，此时演员脱离秋千被另一演员接住，因为速度几乎为零，所以是相对安全的。

空中飞人

其实生活中不仅是杂技，力学

运用几乎遍布生活的每个角落。因此一方面我们要学会透过现象看本质，另一方面要学会运用科学原理指导实践，令生活实践更加安全与精彩。

钉山打石

钉山打石，又叫胸前开石，它是我国杂技艺术中的“硬功”。

表演场上，灯光明亮。鸦雀无声。一个十一二岁的小女孩正在绕场“运气”，只见她走到场内中心，一个亮相，用布塞住嘴，将脖子用布条扎紧，然后躺在垫子上，身上盖上一条垫子，接着两个彪形大汉抬来一个大石碾盘，压在小姑娘身上。四个彪形大汉各抡一柄大锤，轮番捶击碾盘，盘碎人出。小演员微笑着向观众招手，场上掌声雷动，这就是钉山打石。若是压在碾盘下的是一彪形大汉，则大汉光着上身，躺在铁钉朝上的“钉山”上，上压碾盘，还要经得住彪形大汉们的轮番捶击直至盘碎，可谓惊心动魄也！

演出的高潮当然在四个大汉轮番捶击碾盘的刹那，随着捶击声声，观众的心也一阵紧似一阵，人家都为千斤碾盘下的小演员捏一把汗。其实，人家的担心是多余的。四个大汉捶击的是碾盘而不是小演员，对小演员来说，捶击造成的威胁相当微小。

碾盘是相当沉的，几乎接近千斤，锤子的重量是碾盘重量的几百分之一。当锤子猛击碾盘，在力学中叫碰撞。假如锤子的重量是碾盘重量的1/400，锤子猛击碾盘一刹那的速度是相当大的，但碾盘产生的向下速度仅是锤子速度的1/200，可以说接近于零。而且碾盘越大越重，捶击造成对小演员的威胁就越小。

四个大汉轮番猛击碾盘，对小演员来说无损毫毛。猛击碾盘时如此大的动作能量（在力学中叫动能）哪里去了呢？原来，这动能都消耗在打碎碾盘上了。大碾盘由石料制成，石料是脆性材料，它经不起捶击，于是给它十下八下的也就碎了。尽管四个大汉轮番捶击对小演员没有多大威胁，但是，没有一身功夫谁敢躺在钉山之上、碾盘之下呢？这里既有运用气功承受碾盘压力和经得住钉山之苦的真功夫，又有应用力学碰撞原理的“假本领”。钉山打石既是体育表演，又是艺术表演、科学表演。

乒乓球运动中的力学

乒乓球运动是学生喜爱的一种体育活动，其中包含有许多力学知识，用力学知识来指导乒乓球运动，学生对物理知识会有更深的理解，对乒乓球运动会更加热爱。在乒乓球运动中主要有以下几方面与力学知识有关。

力矩与球的旋转

在乒乓球运动中，旋转球是克敌制胜的法宝，那么如何使球能在前进中旋转呢？

球拍和乒乓球在接触的时候，可以有不同的角度和给予不同方向的力。不同的角度可以改变回球的方向，而不同方向的力，可以使回球产生不同的旋转。其旋转的程度决定所给予乒乓球力的大小和球拍与球产生摩擦的时间。

由以上分析可知，要使乒乓球旋转起来，则要求给球施加一个不通过其球心的力的作用。

摩擦力与球的转动

从前面的分析可知，使球转动的关键在于作用在球上的力不通过球心，而这个力从何而来呢？这个力来源于球拍对球的摩擦力。在拍击球的同时，使拍对球有相对运动就能产生摩擦力。

拍击球的瞬间向上拉动球拍，则球受 F 弹力和摩擦力 f。两个力的作用，F 弹过球心不产生力矩，球在 F 弹力作用下向前飞行的同时，f' 与球相切，产生使球逆时针旋转的效果，这即是乒乓球运动中的上旋球。

同理，只要在拍击球瞬间向不同方向拉动球拍，就会使球产生不同方向且与球相切的摩擦力。

实际上在乒乓球运动中的：切、削、搓、拉、带、提等技术动作都是指拍与球接触瞬间使拍与球产生侧向相对运动，从而使球受侧向摩擦力作用，而产生旋转。

伯努利原理与弧线球

在乒乓球飞行轨迹中，会出现许多轨迹不在同一竖直平面内的弧线球，类似足球中的香蕉球。这些球为何会出现不同的各种弧线，主要原因是空气在作怪。要解决这个问题就必须了解伯努利原理。在两条自由下垂的白纸条之间吹气，发现两纸条会相互吸引，根据伯努利原理可知，流体流速大处压强小，而流速小处压强大，这样两纸片就受到侧向压力 F_1 和 F_2 的作用而吸引。

在乒乓球前进过程中，由于球的旋转也会产生类似情况，用下旋球来研究，球上方空气相对于球的流速小，而下方空气相对于球的流速大，这样就产生对球向下的侧向压力。使球的飞行轨迹变低，而上旋球则刚好相反。对侧旋球会出现侧向压力，这种侧向压力的作用使球的飞行方向侧转，类似于足球的香蕉球。

动量定理与接发球

乒乓球运动中，对付高速、强旋转球是非常困难的，如果对动量定理有较深刻的理解，加上平时的刻苦训练，对付起来也会容易一些。

动量定理告诉我们，冲量等于物体动量的改变，可用以下公式说明：$F \cdot t = \Delta(mv)$ 当接高速强旋转球时，要对球进行减力，必须延长球与拍间的作用时间，而延长作用时间的方法，可以从选择球拍上着手，球拍选择软质的球拍，可延长作用时间，从而减小作用力 F。

而在球拍选好的情况下要减力，则要求运动员握拍要松持，这样也能对来球起到缓冲作用，从而减小球与拍间的作用，而不致使回球出界。

速度、加速度与攻防

乒乓球运动中，运动员在进攻时，要收到较好的进攻效果就必须使球有高速的运动和较强的旋转。

如何使球产生更大的速度呢？主要是增大拍对球的打击力，从而使球产

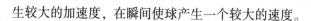

生较大的加速度，在瞬间使球产生一个较大的速度。

例如，设乒乓球质量为 m，拍对球的打击力为 F，则在这种打击力作用下产生的加速度为 a（即 $a = F/m$），如果作用时间为 t，则有球速，$v = at = Ft/m$，可见球速的大小主要取决于拍对球的作用力。

而在防守时，则必须首先判断来球的速度、旋转和落点等，作好应对准备以争取反应时间，提高防守能力。

物理知识与球拍的选择

选择一适合自己的球拍能更快地提高运动水平。在运动中不同的人对球有不同的打法和不同的理解，技术动作也各不相同。对快攻型选手，要求争取时间使打出的球速度快，具有较大的威胁，这样就要求选择能产生强弹力的较硬的球拍。对削球型选手和以弧线球取胜的选手，主要是使球在运行过程中产生高速自转来增强攻击能力，这时选择的球拍要有较大的动摩擦因数，且拍质较软的球拍，让球可在拍面上产生较长时间接触，使摩擦力对球的作用时间能更长，从而产生更强的旋转。

而对于初学者来说，选择的球拍要求质地松软，且拍面较光滑，这时就不会因为技术动作的不熟练和经验不足导致接球失误。当然要选择好球拍还要对不同球拍的性能以及能发挥的作用有一个清楚的认识。

台球运动和力学知识

台球运动在国外已有 200 多年的历史，清代末期传到中国，到现在这种运动已经在我国城乡广为普及。

对于两个球的碰撞问题，在这里只定量讨论理想状态下的两球碰撞问题。平面上两相同的球做非对心完全弹性碰撞，其中一球开始时处于静止状态，另一球速度为 v。当它们两个做非弹性碰撞时，碰撞后两球速度总互相垂直母球的质量 = 子球的质量，将两球视为刚体，则：

设碰撞后两球的速度为 v_1，v_2。　　质心运动速度不变，

由动量守恒 $mv = mv_1 + mv_2$　　$v = v_1 + v_2$，

两边平方

由机械能守恒（势能无变化）

质心运动速度不变

$v_1 \cdot v_2 = 0 \begin{cases} v_1 = 0 \text{ 或 } v_2 = 0 \\ v_1 \perp v_2 \end{cases}$　　对心碰撞；非对心碰撞两球速度总互相垂直

对于完全弹性碰撞则很容易判断两球的运动轨迹，0°或者 180°。

球速的传送公式，是指母球在撞击子球时，两球接触的瞬间，母球的动量会一分为二，一部分将分配给变慢的母球，另一部分会传送给子球。我们可以观察到的：两球速度的改变，此速度与滚动的距离成正比。球速传送公式是推导出来的。以下所推导的公式为平面碰撞，只单纯计算母球的动量传递。不考虑声波消耗的能量、球台布摩擦力消耗的能量与球旋转的转矩等，移动中的母球撞击静止的子球（动量为零），撞击前母球的动量 P，在撞击子球后，会将一部分动量传给子球 P_2，而母球保有部分动量 P_1。按照力与向量的计算，合力 = 两分力，$P = P_1 + P_2$，且两分力垂直。按照动量的公式 $P = mv$ 条件：母球的质量 = 子球的质量，将两球视为刚体。列出两个公式：公式一：母球末速等于母球初速乘以 $\sin\theta$。公式二：子球速度等于母球初速乘以 $\cos\theta$。说明：只要将 $\sin\theta$ 及 $\cos\theta$ 制成表，即可用查表法，算出母球子球的速度分配，此速度分配随 θ（夹角）改变。

得：

$v_1 = v \cdot \sin\theta$;

$v_2 = v \cdot \cos\theta$。

换言之，我们可以控制撞击的角度，使母球和子球在撞击后，得到预期的速度分配，进而控制母球和子球的滚动距离。另外，亦可将切球公式与本公式结合，导出击球厚薄与速度分配的关系。

切球的公式。瞄球是一个很复杂的动作，有的人用单眼瞄球，大部分的人用双眼瞄球。瞄准的方法也有很多种，有人瞄切点，有人瞄假想母球，有

人打久了凭感觉，也有人瞄球是用切的，看是切整颗球（直径）的几分之几。曾经在网络上看到许多人讨论，切半颗球的夹角是几度？结果众说纷纭。当母球撞击到子球时，母球与子球的接触点很小，我们称它为“切点”。子球前进的方向，在不考虑抛（throw）力的情况下，子球被撞击后的前进方向为“母球中心点—切点—子球中心点→”的方向，在打落袋式撞球时，此方向就是子球进袋的方向，这就是一般将球打进的原理。母球子球接触的瞬间，切球的厚薄为 X，球的半径为 r，瞄准方向（母球未接触子球前的行进方向）与子球行进方向的夹角为 θ。由计算与三角函数得之：$X=2r(1-\sin\theta)$。

由此导出的公式发现，“切球的宽度”与“瞄准方向与子球行径方向的夹角”有固定数学式的关系。将等式 $X=2r(1-\sin\theta)$ 改一下：

$\frac{X}{2r}=1-\sin\theta$。

因为 $2r$ 是直径，$(1-\sin\theta)$ 就等于“切球的宽度”除以球直径，也就是切球的比例。以上数学式看不懂没关系，结果说明如后，我们可以从 $(1-\sin\theta)$ 的字段看出，打直球时（0°）切球的宽度为整颗球，接近 90°的球，切球的宽度接近最小，打 30°的球时，切球的宽度为 0.500 0 刚好是切半颗球。由此可以得到角度与切球比例的关系。

注意切 1 整颗球到切 0.9 颗球的范围，大约在 0°～6°之间；切 0.1 颗球到切 0 颗球（最薄的球）的范围，大约在 64°～90°之间。可见切愈薄的球，差一点就差很多了，也就是愈薄的球愈难打，如果是要打下左右塞的球，又超过 60°，因为下左右塞球要修正，将很难打进。所以我们应该尽量将作球的角度控制在 60°以内。

球台上的力学分析：

1. 手与球杆的关系

a. 主要为小臂与手腕施力于球杆。

b. 肘为支点。

c. 力矩 T = 力 F（球杆的重量）· 力臂 r（肘至球杆的垂直距离），$T=F\cdot r$。

2. 球杆与球的关系

a. 前截对母球的偏斜。

b. 母球冲击的反作用力使前截发生形变（反作用力的自动修正）。

c. 球杆给球的直线冲量。

球杆、母球分离时的直线冲量 P；

球杆、母球分离时的母球球速 v；

母球的质量 m；

公式：$P=m\cdot v$；

d. 球杆给球的转动角冲量。

（塞球的理想撞击点是存在的。杆头并非固定不动）

$T\cdot(t)=\Delta L=$球杆拨动母球的时间 $t\cdot$ 球杆送给母球的转矩 T。

e. 皮头的摩擦系数 $t\mu$。摩擦力 F 与角冲量 $T(t)$ 成正比。

$T=F\cdot t\mu$，$T(t)=F\cdot t\cdot t\mu$（F：施力）；

$L=I\cdot\omega$（角动量 = 转动惯量 · 角速度）；

$T(t)=\Delta L=I\omega_2-I\omega_1=F\cdot t\cdot t\mu$（角冲量 = 角动量变化量）。

3. 球与台面的关系

a. 重力（G）。球的质量（m）· 重力加速度（g）。

b. 摩擦力。摩擦力所做的功与摩擦系数成正比。摩擦力所做的功 = 摩擦力 · 移动的距离（通常是在自然向前滚动的情况下成立）。

c. 球向台面的垂直加速度 = 反作用力（跳球时，跳跃高度 $H=1/2g\cdot t\cdot t$）（t 为飞行时间）。

出杆速度愈快、力量愈大、垂直角度愈高，跳球跳得愈高。

4. 球与球的关系

a. 平面弹性碰撞。

母球原行进方向 A；

母球、子球撞击瞬间之母球球心位置 O；

子球受撞击后之走向 B；

母球碰撞子球后之走向 C；

母球撞击子球前之力 F；

子球接收母球之力 OF

母球撞击子球后剩余之力 CF

$\angle AOB = \theta$

公式：$OF = F \cdot \cos\theta$

$CF = F \cdot \sin\theta$（当夹角 θ 为0°时“直球”，母球的力完全传递给子球；当夹角 θ 为90°时，母球等于没碰到子球。）

b. 球与球之间的 throw（抛）。

throw 受 $o\mu$ 的影响，愈脏的球 $o\mu$ 愈大。

c. 转矩的传递（子球塞球）。

母球角动量 L

母球与子球接触时间 t

母球与子球的摩擦系数 $o\mu$

子球受到的角冲量（转矩）$T(t) = \Delta L = I\omega_2 - I\omega_1 = F \cdot t \cdot o\mu$

$\because$ t 太小了，球速相对又太快。

$\therefore$ 子球的旋转肉眼看不出来。

球速愈快、转速愈快、撞击夹角愈小，传递的转矩愈大，阈值受限于 $t \cdot o\mu$。

子球接收的角冲量在碰触颗星时会有明显的影响。

5. 球与颗星的关系

a. 入射角 A = 反射角 B。

b. 颗星的摩擦力。

球与颗星的摩擦系数 $c\mu$

旋转的转矩 $T(t) = \Delta L = I\omega_2 - I\omega_1 = F \cdot t \cdot c\mu$（球入颗星的角度愈接近垂直，摩擦力愈大）

c. 陷入颗星时的弹力位能。(虎克定律)

弹力位能 F

常数 K（颗星的弹性）

陷入颗星的深度 X

$F = KX$;

d. 球陷入颗星条（Cushion）内力量的损耗。

6. 球与空气的关系

麦克纳斯力（Magnus force）对水平前进旋转球的侧偏斜。（流体力学对左塞或右塞的影响，可能微乎其微）

一个球的行为几乎会动用到好几种力学，只是影响力大小不同，有时几乎可以忽略，有时却很重要。我们平常看到的是这些力彼此交互作用的结果。

民谚俗语中的力学知识

在日常生活中，我们经常会接触到一些民谚、俗语，这些民谚、俗语蕴含着丰富的物理知识，我们平时如果注意分析、了解一些民谚、俗语，就可以在实际生活中深化知识、活化知识，这对培养我们分析问题、解决问题的能力是大有帮助的。

（1）“小小秤砣压千斤”——根据杠杆平衡原理，如果动力臂是阻力臂的几分之一，则动力就是阻力的几倍。如果秤砣的力臂很大，那么“一两拨千斤”是完全可能的。

（2）“人心齐，泰山移”——如果各个分力的方向一致，则合力的大小等于各个分力的大小之和。

（3）“麻绳提豆腐——提不起来”——在压力一定时，如果受力面积小，则压强就大。

（4）“开水不响，响水不开”——水沸腾之前，由于对流，水内气泡一边上升，一边上下振动，大部分气泡在水内压力下破裂，其破裂声和振动声又与容器产生共鸣，所以声音很大。水沸腾后，上下等温，气泡体积增大，在浮力作用下一直升到水面才破裂开来，因而响声比较小。

（5）“如坐针毡”——由压强公式可知，当压力一定时，如果受力面积越小，则压强越大。人坐在这样的毡子上就会感觉极不舒服。

（6）“鸡蛋碰石头——自不量力”——鸡蛋碰石头，虽然力的大小相同，但每个物体所能承受的压强一定，超过这个限度，物体就可能被损坏。鸡蛋能承受的压强小，所以鸡蛋将破裂。

（7）“力大如牛”——比喻力气特别大。

（8）“一个巴掌拍不响”——力是物体对物体的作用，一个巴掌要么拍另一个巴掌，要么拍在其他物体上才能产生力的作用，才能拍响。

（9）“四两拨千斤”——杠杆的平衡条件，增大动力臂与阻力臂的比，只需用较小的动力就能撬起很重的物体。

（10）“泥鳅黄鳝交朋友——滑头对滑头”——泥鳅黄鳝的表面都光滑且润滑，摩擦力小。

（11）“大船漏水——有进无出”——液体内部存在压强，船破后，船外的水被压进船内，直到船内外水面相平，此刻船内的水也不会向外流。

（12）“水上的葫芦——沉不下去”——葫芦的密度小于水的密度，故只能漂浮在水面上。

（13）“磨刀不误砍柴工”——减小受压面积增大压强。

（14）“人往高处走，水往低处流”——水往低处流是自然界中的一条客观规律，原因是水受重力影响由高处流向低处。

（15）“墙内开花墙外香”——这是分子在作永不停息的无规则运动的结果。

（16）“坐地日行八万里”——因为地球的半径为 6 370 千米，地球每转一圈，其表面上的物体“走”了约为 40 003 千米，约为八万里，这是毛泽东同志吟出的诗词，它科学地揭示了运动与静止的关系——运动是绝对的，静止总是相对参照物而言的。

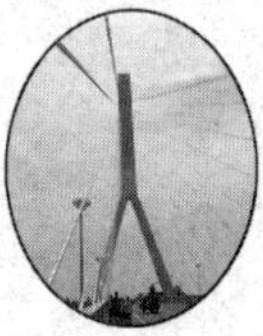

创造奇迹的机械与力学

CHUANGZAO QIJI DE JIXIE YU LIXUE

工农业生产中所使用的诸多机械无不是在力学发展的基础上研制出来的。这些机械在工作的过程中，将无形之手的巨大作用发挥得淋漓尽致。它们或提高了生产效率，解放了人类的双手；或延伸了人类的双手，创造了人类以自己的双手无法创造的奇迹。

了解这些机械通过无形之手创造奇迹的原理，可以让我们明白发明创造并不深奥，它所需要的知识都是我们已经掌握了的、最基础的东西。这对激发我们的学习兴趣，提高学习成绩都有很大的帮助。

压缩空气的巨大作用

故事发生在1887年，英国贝尔发斯特市的一所学校里。当时，这所学校正准备举行自行车比赛。参加比赛的学生，必须自备自行车，而车的形式可以是各种各样的。要知道，当时的自行车和现在自行车并不一样，轮子上没有轮胎。这种没有轮胎的车子，骑起来震动得很厉害。

在这所学校里，有一名叫邓禄普的学生，他也参加了这次自行车比赛。年轻好胜的邓禄普，一心想名列前茅，因此，比赛前夕，他挖空心思地准备着……

邓禄普想，要是自行车跑起来不那么震动，那该多好！这样，骑起来不但轻快、舒服，而且也不容易摔倒。他想呀想，觉得震动的主要原因在车轮。因此，他下决心在比赛前把他的车轮改装一下。他从花园里找来了浇花用的旧胶皮管，按照他自行车轮的尺寸，将旧胶皮管黏成两个圆环，并打进了气，然后分别绑在他的自行车的前后轮上，成了“轮胎”。

比赛那天，同学们骑着各式各样的自行车，拼命地蹬呀蹬，对于车子的震动也顾不上了，有的被震得腰腿酸痛，有的被震得跌了跤。邓禄普骑着那辆与众不同的装有“轮胎”的自行车，从比赛开始就遥遥领先，终于夺得了这次比赛的第一名。邓禄普利用空气压缩后具有很大的压强，具有很好的弹性这些优点，使他的自行车骑起来以后震动减小，提高了车速。是压缩空气帮他夺得了冠军。

第二年，邓禄普就专门从事充气轮胎的生产。从此以后，许多车轮都装上了轮胎，使压缩空气为运输事业做出了贡献。压缩空气不仅用于轮胎，它还为我们做着许多非常有益的事情。无论是篮球、排球、足球，还是小孩子们玩的小皮球，都离不开压缩空气。当它们被打足了气，蹦得可欢呢，可谓“神气十足”。一旦它们泄了气，便“瘫痪”了，可谓“垂头丧气”。每当你玩得痛快时，请不要忘记，你的欢乐也有压缩空气的功劳呢！

万吨水压机，压铁如压泥，力量无比。可你知道，万吨水压机的工作也离不开压缩空气。由高压空气压缩机把压缩空气打进高压容器里，它——压缩空气以很大的压强压着从高压水泵打进来的水，水里的压强变得很大而成高压水，高压水通过管道去压水压机的活塞，才使活塞产生了万吨压力。因此，当你兴致勃勃参观水压机的精彩表演时，请不要忘记，这精彩的表演中，压缩空气尽了力。

在公共汽车和火车上，压缩空气被用来开门、关门、刹车；在矿井里，我们能听到风镐突突，那是工人师傅在煤层上钻煤。这风镐的工作离不开压缩空气；在机器轰鸣的车间里，压缩空气被用来带动汽锤打铁；在汪洋大海之中，为探索海底之谜，要借助压缩空气操纵潜艇的沉浮；近年来，压缩空气又被利用在建筑事业中。用塑料薄膜管先做成房屋的支架——柱、梁、拱的形状，这些是建筑备件。要盖房子时，先往这些备件中打气，房子的支架就都竖立起来了。再在四周和顶上盖上塑料薄膜，留出门窗，一座“气”房子就落成了。要拆房子么，把气一放，折叠起来，便可收起。整个房子的重量不足10千克，携带方便，要盖要拆都十分容易。将来，会出现许多充气的建筑物，以及充气的家庭用具。

看来，压缩空气的确是“多才多艺”。

大气压强与沸点

300多年前，法国有个名叫丹尼斯·巴本的人，他是一个物理学家，也是一位医生，还是一位机械师。由于那时法国国王亨利四世对新教徒的迫害，巴本不得已逃往国外。在跋山涉水的路途中，他发现：在高山上煮马铃薯时，尽管锅里的水哗哗地沸腾，马铃薯还是煮不软。在帕斯卡由实验证实的“高山上的大气压比海平面低”的启示下，巴本猜想：液体的沸点是否随大气压的减小而降低呢？到了国外以后，他便从事这方面的研究工作。终于用实验证实了“液体的沸点随大气压强的减小而降低”的猜想。

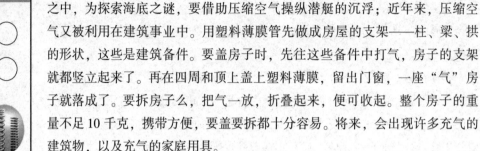

利用压强原理制成的高压锅

巴本进一步想，如果把问题倒过来，用人工加压的方法增大气压，那么水的沸点不就会升高了吗？1681年，巴本根据这个道理设计并制成了世界上第一个高压锅，当时人们把它叫做巴本锅。巴本锅有内外两层，内层里放要煮的食物，外层是密封的，锅盖更是经过严格选择的，以此控制外层锅里的气压。为了更加安全，锅的外围还特地加上了金属罩。

据说，巴本访问英国时，在英国国王查尔斯二世的要求下，曾做了一次表演，用巴本锅煮肉，不仅省时间，而且就连坚硬的骨头，也能煮得像奶酪一样松软。

目前，我国市场上出售的压力锅，工作压强约为 1.3×10^5 帕，水的沸点是124℃。用它来焖饭比用普通锅节约时间。在工厂里也要用高压锅炉，有些热电厂的中型锅炉内，压强高达 40×10^5 帕，水的沸点为249℃，用这样的高温高压蒸汽推动蒸汽轮机发电。

知识点

沸　点

准确地说，沸点是液体的饱和蒸气压与外界压强相等时的温度，即物质由液态转变为气态的温度。在一定温度下，与液体或固体处于相平衡的蒸汽所具有的压力称为饱和蒸汽压。当液体所受的压强增大时，它的沸点升高；压强减小时；沸点降低。例如，蒸汽锅炉里的蒸汽压强，约有几十个大气压，锅炉里的水的沸点可在200℃以上。又如，在高山上煮饭，水易沸腾，但饭不易熟。这是由于大气压随地势的升高而降低，水的沸点也随高度的升高而逐渐下降。不同液体在同一外界压强下，沸点不同。浓度越高，沸点越高。

大气压与宇航服

自古以来，每当皓月当空，便会有很多人遥望明月，讲起月宫中美丽的嫦娥仙子，吴刚砍桂树，玉兔捣药的传说。你是否也好奇过月球上是否有人类的存在呢？实际上，科学高度发达的今天已经证实了月球周围没有空气，月球上也没有水。缺少了动植物和人类赖以生存的水、空气，哪里会有生命呢？有同学会问我们的登月科学工作者携带了充足的氧气和水，是不是就能适应月球这寂静的环境了呢？答案是否定的。

我们知道空气对地球上的生命不仅仅是供氧的作用，空气对地球表面的物体有着不可忽视的压力，只是我们长期生活在地球上，已经适应了。一名优秀的游泳运动员，在几分钟内不呼吸还不成问题，但如果没有大气压力，恐怕连几秒钟也生存不了。月球上没有空气，人体也就失去周围空气的压力，无法生存。

科学家们通过计算得出大气的压力大约是 1 千克/平方厘米。这就意味着，无论什么物体的表面，每平方厘米面积上都要承受约 1 千克的大气压力。如果房屋屋顶表面积是 40 平方米的话，大气作用在这个房顶上的压力可以达到 400 吨。在这么大的压力之下，房屋为什么没被压塌呢？这与马德堡半球合在一起没有抽去里面的空气是一个道理——房屋内外都有空气，房顶的上下都受到大气压力因而互相平衡，房屋当然安然无恙。

一般认为，标准的大气压是 1.033 6 千克/平方厘米。一个成年人的人体总共要受到 12～15 吨的大气压力。但是由于大气压强总是从各个不同的方向作用与同一点的，并且大小相同，每两个大小相同的压力便相互抵消，所以人体才感觉不到那么大的压力，但它是实实在在存在着的。

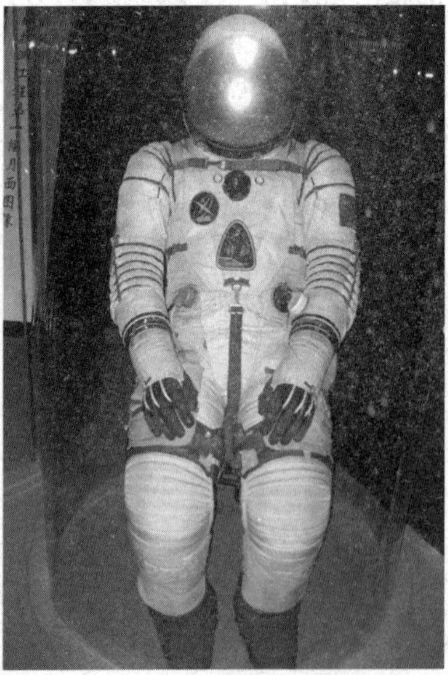

宇航服

就拿呼吸来说，当吸气中枢兴奋时，通过膈神经使胸腔和腹腔之间的横膈肌肉收缩，胸腔容积扩大，肺气泡也跟着扩大，使其中的气压下降，并低于外部大气压。于是外界空气在大气压的作用下，从鼻孔和嘴流进肺部，进入肺气泡。呼气的情况正好相反，由于胸腔容积缩小，肺内空气收缩，内部压强大于外部，气体便从肺里呼出来。

在雷雨之前，由于气压的下降，人们常会出现胸闷、头昏和情绪烦躁等症状。另外，在人体的股骨和髋骨之间有一个没有大气的空腔，空腔内不存在向外的作用力，于是股骨就靠外部大气压紧紧地压在身体上，使我们抬起腿走路不觉得费力，行走自如。

宇航员登月

如果人到了大气压力极低的环境里去，这时，体内的压力大大超过环境施给人的压力，将会发生组织破裂，造成人身死亡。所以人失去空气的压力，将无法生存。可以想象到，穿一般的服装到月球上去探索、旅行，结果必是悲剧，一事无成。因此，为了保证宇航员在月球上的正常生活，完成探险和考察的重任，需要给他们穿上一种特制的服装——宇航服，它的里面充有一个大气压，穿上这种衣服，宇航员就可以正常生活和工作了。

千斤顶和水压机的威力

要是有人告诉你，一只公鸡顶起了一头大象，你不认为此事是“天方夜谭”中的神话，就会认为它是荒唐的信口开河。其实，这种事情却是能做到的。当然，不是将公鸡放在大象的肚皮底下，让公鸡将大象顶起，而是需要借助一种工具——千斤顶。千斤顶是什么呢？它如何能产生公鸡“顶”起大象的奇迹呢？

让我们来揭开其中之谜。千斤顶有大小两个圆筒，两圆筒的底部相连通，

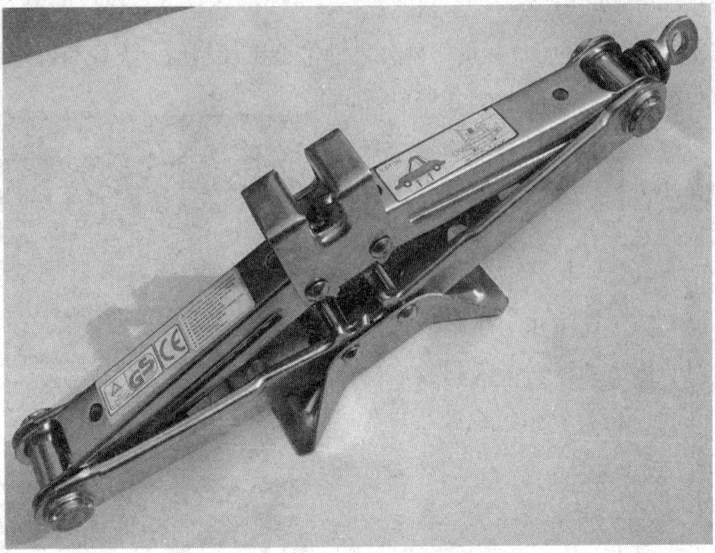

利用帕斯卡定律发明的千斤顶

每个圆筒中部有一个与筒壁接触很紧密的活塞，活塞可以在圆筒中滑移。将两圆筒中注入某种液体时，将大象放在大活塞上面，而将公鸡压在小活塞上，此时，只要大活塞的面积比小活塞的面积足够大，一定得是足够大，那么一只普通的大公鸡就完全可以“顶”起大象。这神话般的力气从何而来？原来，它是来自千斤顶两个密封筒中的液体。

液体，如水、酒精、煤油……都具有这样的一个性质，将液体装入封闭的容器内，那么加在其上的压强必然按原来的大小，由液体向各个方向传递。这个性质就是帕斯卡定律。千斤顶大小圆筒中的液体，由于两活塞与筒壁接触是很紧密的，因此是被封闭的液体，它也遵守帕斯卡定律。

当千斤顶的小活塞有一个向下的压力，会产生对液体的压强。这时，液体将这从小活塞得到的压强原封不动地传递到大活塞上，从而使大活塞得到一个向上举的力。既然大、小活塞上的压强相等，那么大、小活塞受到的力，便与它们的面积成正比。假如大小活塞面积之比为 1 000，那么，对小活塞加 1 千克的压力，大活塞上便可得到 1 吨重向上举的力。这就不难理解，为什么会出现公鸡“顶”起大象的奇迹。

有时候，满载货物的汽车突然中途抛了锚，司机便拿出这种千斤顶，将它往汽车底盘下摆好，然后，司机上下摇动着千斤顶的手柄，千斤顶便伸起脖子，顶住底盘。当司机继续摇动手柄时，整个车身就非常安稳地被它缓慢地抬起，司机便可以开始修理。一旦故障排除，收回千斤顶，汽车又将在公路上奔驰。

水压机

除千斤顶外，那举世闻名的万吨水压机，更是力大无比。几百吨重的特大钢锭，只要放进它那张大嘴，它便能像揉面团似地将钢锭锻压成各种形状。水压机巨大力量的来源，也离不开液压的传递。

万吨水压机虽然身高体壮，像座小山，可它却制造得非常精密。你想一想，万吨水压机中水的压强，可以达到几百个大气压强，即每平方厘米几百千克的压力。万一水射出来了，那是非常危险的。这么高的水压，只要窜出一小股，它就会穿透人体，将人置于死地。因此制造时，每个部件都要做得具有高度的精密性、密封性、准确性和灵活性。

知识点

标准大气压

标准大气压，是压强的单位，是指在标准大气条件下海平面的气压，其值为 101.325kPa。标准大气压值的规定，是随着科学技术的发展，经过几次变化的。最初规定在摄氏温度 0℃，纬度 45°，晴天时海平面上的大气压强为标准大气压，其值大约相当于 760mm 汞柱高。后来发现，在这个条件下的大气压强值并不稳定，它受风力、温度等条件的影响而变化。于是就规定 760mm 汞柱高为标准大气压值。但是后来又发现 760mm 汞柱高的压强值也是不稳定的，汞的密度大小受温度的影响而发生变化。

为了确保标准大气压是一个定值，1954 年第十届国际计量大会决议声明，规定标准大气压值为 101.325kPa。

自行车不倒的奥秘

我们都有这样的经验，高速旋转的硬币不会倒下来。自行车不倒和硬币不倒的原因基本一样：凡是高速转动的物体，都有一种能保持转动轴方向不变的能力，使它们不向两侧倒。陀螺能够不倒也是这个道理。我们骑车时是在前进的方向上给自行车一个力，使车轮转动起来，车轮就能保持一定的平衡状态，再利用车把调节一下平衡，自行车就可以往前走了。可是一停下来，车子就会因失去平衡倒下来。

生活之中的困难并不在于路途有多么的艰辛，歧路中又有歧路。在生活林林总总的琐碎的现象中，忘记了去寻找事情的本质。忘记了物体静止的实质，合外力为零。自行车在垂直平面内合外力为零，以此为目标来寻找，便会发现意想不到的结果。自行车在垂直平面内受到重力和支持力。支持力随着车偏离垂直面的夹角的增大而减少。但是在自行车运动起来处于垂直平面内静止时，自行车垂直平面内的受力真的只有这两种吗？

骑不倒的自行车

当自行车竖直放在地面时，通常自行车与地面的垂线成微小的角度，使得地面对车的支持力小于重力，使车要向下运动，但由于车因运动而产生的摩擦力使自行车摔倒的痕迹成弧状。

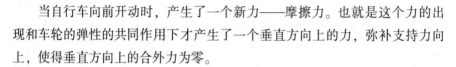

当自行车向前开动时，产生了一个新力——摩擦力。也就是这个力的出现和车轮的弹性的共同作用下才产生了一个垂直方向上的力，弥补支持力向上，使得垂直方向上的合外力为零。

新力的产生与球类以及一些弹性物体的一个特有的现象有关，若把气球水平放在桌面上，两只手只在水平方向挤压气球，你的手会感觉到一个垂直向上的力，所有的弹性物质或多或少都有这个性质——力之间相互的传递性，自行车的车轮也不例外。因为分子间力的相互传递可以是不同方向的，当一个分子打在两个分子之间这两个分子便向上下两方向运动。还有其他的分子之间的蹦击使得力能四处传递。最终使球类物质发生形变，当有物体阻止其形变时，使球类物质获得一个与接触面垂直的力。无物质阻挡时则不受到力。

自行车垂直放在水平面上，是没几个人能够让它不倒的。只有运动车才不易倒。运动过程中，摩擦力挤压车轮使车轮发生了形变，车轮的形变是四面八方的，再挤压地面，产生了一个向上的力。这个力的产生是自行车不倒的原因。

自行车不倒的原因是竖直方向上合力不为零。这里也有一个难点就是支持力的变化因素。当自行车斜放时，支持力减少，原本是向下运动的，但是有摩擦力产生使得自行车最终绕接触点做圆圈运动。简单地说合力向下，自行车向下运动。

当自行车运动起来时，由于轮胎的挤压而产生的力向上，使得总体合力向上。有人说那么这个力很大吧！其实未必，因为自行车斜的角度很小时，它向下的合力是很小的，只不过越到后来角度越大合力就越大了，真是恶性循环那！更现实的是我们骑车时也会把车扶正的。

挤压程度的大小是由阻力来决定的，速度越快阻力越大。合力向上，当然是向上动了，到了最上面，即车与地面垂直。所以我们一般看见的自行车都是垂直地面静静地驶向远方的。

自行车与力学应用

自行车在我国是很普及的代步和运载工具。在它的"身上"运用了许多力学知识。

1. 测量中的应用

运用多种力学知识制造的自行车

在测量跑道的长度时，可运用自行车。如普通车轮的直径为 0.71 米或 0.66 米。那么转过一圈长度为直径乘圆周率 π，即约 2.23 米或 2.07 米，然后，让车沿着跑道滚动，记下滚过的圈数 n，则跑道长为 $n\times 2.23$ 米或 $n\times 2.07$ 米。

2. 力和运动的应用

(1) 减小与增大摩擦。车的前轴、中轴及后轴均采用滚动以减小摩擦。为更进一步减小摩擦，人们常在这些部位加润滑剂。

多处刻有凹凸不平的花纹以增大摩擦。如车的外胎，车把手塑料套，蹬板套、闸把套等。变滚动摩擦为滑动摩擦以增大摩擦。如在刹车时，车轮不

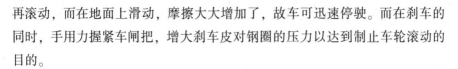

再滚动，而在地面上滑动，摩擦大大增加了，故车可迅速停驶。而在刹车的同时，手用力握紧车闸把，增大刹车皮对钢圈的压力以达到制止车轮滚动的目的。

(2) 弹簧的减震作用。车的坐垫下安有许多根弹簧，利用它的缓冲作用以减小震动。

3. 压强知识的应用

(1) 自行车车胎上刻有载重量。如车载过重，则车胎受到压强太大而被压破。

(2) 坐垫呈马鞍型，它能够增大坐垫与人体的接触面积以减小臀部所受压强，使人骑车不易感到疲劳。

4. 惯性定律的运用

快速行驶的自行车，如果突然把前轮刹住，后轮为什么会跳起来。这是因为前轮受到阻力而突然停止运动，但车上的人和后轮没有受到阻力，根据惯性定律，人和后轮要保持继续向前的运动状态，所以后轮会跳起来。

切记下坡或高速行驶时，不能单独用自行车的前闸刹车，否则会出现翻车事故!

自行车虽然看似很简单和普通，但在它上面应用了很多的物理知识，我们只是结合初中所学力学知识进行了研究，难免不全面。但随着知识的增加，你会发现更多的知识。

作用巨大的弹力

物体在力的作用下发生的形状或体积改变叫做形变。在外力停止作用后，能够恢复原状的形变叫做弹性形变。发生弹性形变的物体，会对跟它接触的物体产生力的作用，这种力叫弹力。

利用弹力可进行一系列社会生产生活活动，力有大小、方向、作用点。如高大的建筑需要打牢基础，桥梁设计需要精确计算各部分的受力大小；

拔河需要用粗大一些的绳子，防止拉力过大导致断裂；高压线的中心要加一根较粗的钢丝，才能支撑较大的架设跨度；运动员在瞬间产生爆发力；等等。

另外，我们常用的文件夹、自关门、钟表发条、机械定时器、橡皮筋、健身拉力器、弹簧秤、车辆的减震器、拉线开关、松紧带都是根据弹力原理制作的。

弹力产生在直接接触而发生弹性形变的物体之间。通常所说的压力、支持力、拉力都是弹力。弹力的方向总是与物体形变的方向相反。压力或支持力的方向总是垂直于支持面而指向被压或被支持的物体。

通常所说的拉力也是弹力。绳的拉力是绳对所拉物体的弹力，方向总是沿着绳而指向绳收缩的方向。

弹簧发生弹性形变时，弹力的大小 F 跟弹簧伸长（或缩短）的长度 x 成正比，即 $F=kx$。其中，k 称为弹簧的劲度系数（也作倔强系数或弹性系数），在数值上等于弹簧伸长（或缩短）单位长度时的弹力。单位是牛顿/米，符号是 N/m。k 值与其材料的性质有关。弹簧软硬之分，指的就是它们的劲度系数不同，而且不同的弹簧的劲度系数一般是不同的。这个规律是英国科学家胡克发现的，叫做胡克定律。

弹力的大小跟形变的大小的关系是：在弹性限度内，形变越大，弹力也越大；形变消失，弹力就随着消失。对于拉伸形变（或压缩形变）来说，伸长（或缩短）的长度越大，产生的弹力就越大。对于弯曲形变来说，弯曲的越厉害，产生的弹力就越大。

不可小觑的弹簧

在我们的日常生活中，弹簧形态各异，处处都在为我们服务。常见的弹簧是螺旋形的，叫螺旋弹簧。做力学实验用的弹簧秤、扩胸器的弹簧等都是螺旋弹簧。螺旋弹簧有长有短，有粗有细：扩胸器的弹簧就比弹簧秤的粗且

规格不同的弹簧

长；在抽屉锁里，弹簧又短又细，约几毫米长；有一种用来紧固螺母的弹簧垫圈，只有一圈，在紧固螺丝螺母时都离不开它。螺旋弹簧在拉伸或压缩时都要产生反抗外力作用的弹力，而且在弹性限度内，形变越大，产生的弹力也越大；一旦外力消失，形变也消失。

有的弹簧制成片形的或板形的，叫簧片或板簧。在口琴、手风琴里有铜制的发声簧片，在许多电器开关中也有铜制的簧片，在玩具或钟表里的发条是钢制的板簧，在载重汽车车厢下方也有钢制的板簧。它们在弯曲时会产生恢复原来形状的倾向，弯曲得越厉害，这种倾向越强。有的弹簧像蚊香那样盘绕，例如，实验室的电学测量仪表（电流计、电压计）内，机械钟表中都安装了这种弹簧。这种弹簧在被扭转时也会产生恢复原来形状的倾向，叫做扭簧。

形形色色的弹簧在不同场合下发挥着不同的功能：

1. 测量功能

我们知道，在弹性限度内，弹簧的伸长（或压缩）跟外力成正比。利用弹簧这一性质可制成弹簧秤。

2. 紧压功能

观察各种电器开关会发现，开关的两个触头中，必然有一个触头装有弹簧，以保证两个触头紧密接触，使导通良好。如果接触不良，接触处的电阻变大，电流通过时产生的热量变大，严重的还会使接触处的金属熔化。卡口灯头的两个金属柱都装有弹簧也是为了接触良好；至于螺口灯头的中心金属片以及所有插座的接插金属片都是簧片，其功能都是使双方紧密接触，以保证导通良好。在盒式磁带中，有一块用磷青铜制成的簧片，利用它弯曲形变时产生的弹力使磁头与磁带密切接触。在订书机中有一个长螺旋弹簧，它的作用一方面是顶紧订书钉，另一方面是当最前面的钉被推出后，可以将后面的钉送到最前面以备订书时推出，这样，就能自动地将一个个钉推到最前面，直到钉全部用完为止。许多机器自动供料，自动步枪中的子弹自动上膛都靠弹簧的这种功能。此外，像夹衣服的夹子，圆珠笔、钢笔套上的夹片都利用弹簧的紧压功能夹在衣服上。

3. 复位功能

弹簧在外力作用下发生形变，撤去外力后，弹簧就能恢复原状。很多工具和设备都是利用弹簧这一性质来复位的。例如，许多建筑物大门的合页上都装了复位弹簧，人进出后，门会自动复位。人们还利用这一功能制成了自动伞、自动铅笔等用品，十分方便。此外，各种按钮、按键也少不了复位弹簧。

4. 带动功能

机械钟表、发条玩具都是靠上紧发条带动的。当发条被上紧时，发条产生弯曲形变，存储一定的弹性势能。释放后，弹性势能转变为动能，通过传动装置带动时、分、秒针或轮子转动。在许多玩具枪中都装有弹簧，弹簧被压缩后具有势能，扣动扳机，弹簧释放，势能转变为动能，撞击小球沿枪管射出。田径比赛用的发令枪和军用枪支也是利用弹簧被释放后弹性势能转变为动能撞击发令纸或子弹的引信完成发令或发火任务的。

5. 缓冲功能

在机车、汽车车架与车轮之间装有弹簧，利用弹簧的弹性来减缓车辆的颠簸。

6. 振动发声功能

当空气从口琴、手风琴中的簧孔中流动时，冲击簧片，簧片振动发出声音。

火箭和卫星的升空原理

同学们，想知道火箭为何能升空吗？下面我们先从放“起花”说起。

每逢新春佳节，爆竹声声，锣鼓咚咚，到处是热闹欢乐的气氛。小朋友们除了放鞭炮之外，还喜欢放些“起花”。你看那“起花”，一经点燃，尾巴就喷出一般烟火，“嗤”的一声腾空而起，窜得很高。“起花”向后喷烟火的同时，本身却向前窜去，其中的奥秘在哪里？为了揭开这其中的奥秘，让我们先从下面的现象说起。

夏日里，在颐和园的昆明湖，在杭州的西湖或是在其他湖面上，我们经常可以看到，只只小船载着游客，轻轻掠过平静的湖面。有些喜欢游泳的人们，还会从小船上跃入水中，畅游一番。如果这时候你仔细观察一下小船，就会发现，在人向前跃入水中之时，小船正向后退去。原来，当人准备跃入水中游泳的时候，双腿弯曲，用劲向后蹬船板，船板给人一个向前的作用力。在这个向前的力的作用下，人产生向前的加速度，因而向前跃入水中。由牛顿第三定律知道，当船板给人一个向前的作用力的同时，人也给船一个向后的作用力，这个力就是人的双腿使劲向后蹬船板所造成的。船在这个向后的力的作用下，产生向后的加速度，因而向后退去。这就形成了人向前船向后的现象。当人跃入水中的速度越大，船后退的速度也越大。

起 花

这种现象是很普遍的。你用步枪射击的时候会感到，子弹向前射出的同时，枪托向后撞痛了你；炮兵演习的时候，你会观察到，炮弹从炮筒中向前飞去的同时，笨重的炮身向后退了一段距离……所有这些，都是两个依靠其间相互作用力而运动的物体，当一个向前，另一个必然向后。这种现象称为反冲现象。

我们设想一下，如果有一条小船，可容纳10位游客。这10个人将一个接一个地向前跃入水中畅游，那么小船将连续受到向后的作用力，连续获得向后的加速度，小船向反方向的运动将越来越快。

“起花”的上升实际与这种现象是一样的。“起花”原来是静止的，当点火之后，里面的燃料急剧燃烧，产生的大量气体不能向其他方向逃逸，因此只能从“起花”尾部的小孔，沿同一个方向，以极大的速度喷出。难道这个现象不像游船上的人们，不断向同一个方向跃入水中吗？正是同一个道理，“起花”腾空而起了。

火 箭

你们可能很难想到，人类飞往宇宙空间所使用的交通工具——火箭，它运行的道理竟然和小小的玩意——“起花”毫无区别！只不过，它们的形状、结构及使用的燃料不同罢了。

要使物体绕地球飞行而不落回地面，必须让这个物体具有7.9千米/秒的高速度，即达到所谓的“第一宇宙速度”。地球的伙伴——人造地球卫星就必须具有这个速度。人们就是依靠火箭将地球卫星送上轨道，使它与地球结伴。然而，只靠一只火箭是不可能使卫星得到不落回地面的速度的。为此，人们将几个火箭首尾相接起来，组成“多级火箭”，用它来送卫星和其他的人造天体上天。发射时候，先点燃第一级火箭，当它的燃料烧完了，便自动脱落；第二级继续燃烧，又脱落……就这样，每一级的燃料燃烧，就推动着卫星，每一级的脱落又减轻了整个火箭的重量。卫星随着一级一级地加速，终于获得一定的速度。当到达了预定的轨道时，多级火箭完成了自己的使命。卫星被弹入轨道。

多级火箭这个“多”是要有限制的，因为火箭的级越多，制造越繁杂，重量越大，发射时需要的推动力也越大。人造地球卫星通常是用三级火箭来发射的。

1957年10月，人类用火箭发射了第一颗人造地球卫星。到目前为止，人类不仅发射了人造地球卫星，还向太空发射了多种人造天体。其数量之多，达到几千颗，在这其中，我国的卫星也在运行！1961年4月，人类首次派宇航员进入广阔无垠的宇宙空间，去考察这茫茫宇宙，去考察这神秘而寂静的未知世界。20世纪60年代末期，人类不仅飞出了地球，而且踏上了月球。啊，这里既没有巍峨的广寒宫，也没有人类的朋友……人类并不满足于此，因为在茫茫宇宙中，到月球去，就好比是从屋里到了门口。

20世纪60年代以来，人类不断发射无人的行星探测器，飞往太阳系中离地球最近的两个行星——金星和火星，进行探索。1977年，两颗“海盗号”火星探测器在火星表面轻轻地降落了，想寻找火星上的生命，找个“知音”。然而，使我们扫兴的是，在火星上尚未发现生命存在的痕迹。还有两颗“旅行者”宇宙探测器，它们被派往木星、天王星和冥王星进行考察，到1989年左右，它们将穿越太阳系的边界，到那广阔无垠的银河系空间。或许，在那里，它们能进入另一个文明世界。人们给自己的特使——探测器带着一套“地球之音”的信息，希望借“旅行者”送给那里高智慧的“朋友”。真到那时，人类便在茫茫的银河系中找到了“知音”。这是多么美好的愿望。这美好愿望的实现，都离不开火箭。

说起来，我国还是火箭的祖国呢！原始的火箭大约出现在我国南宋时代（1127年—1279年）。那是在箭杆的前部绑上一个装火药的圆筒的箭；或者说，相当于流传到今天的起花前头装一个箭头。别看它不起眼，它是我们的祖先对世界科技伟大的贡献之一。当今最先进的火箭都是从它发展来的。

知识点

宇宙速度

所谓宇宙速度就是从地球表面发射飞行器，飞行器环绕地球、脱离地球和飞出太阳系所需要的最小速度，分别称为第一、第二、第三宇宙速度。第一宇宙速度大约为7.9千米/秒。物体在获得这一水平方向的速度以后，不需要再加动力就可以环绕地球运动。

地球上的物体要脱离地球引力成为环绕太阳运动的人造行星，需要的最小速度是第二宇宙速度。第二宇宙速度为11.2千米/秒，是第一宇宙速度的根号2倍。地面物体获得这样的速度即能沿一条抛物线轨道脱离地球。

地球上物体飞出太阳系相对地心最小速度称为第三宇宙速度，它的大小为16.6千米/秒。地面上的物体在充分利用地球公转速度情况下再获得这一速度后可沿双曲线轨道飞离地球。当它到达距地心93万千米处，便被认为已经脱离地球引力，以后就在太阳引力作用下运动。这个物体相对太阳的轨道是一条抛物线，最后会脱离太阳引力场飞出太阳系。

挽救飞行员生命的降落伞

我国古代有个叫舜的人，是著名的帝王之一。有一次，他的儿子来杀他，把他逼到了高高的粮仓顶上，从下边放起一把火，舜急中生智，抓着两个大斗笠从上边跳下来。

舜被摔死了吧？没有。那两个大斗笠救了他的命。原来，斗笠的凹面向下，当人在空气中向下运动时，凹面把气流兜住了，产生了比较大的阻力，这就是降落伞的雏形。

国外降落伞的出现比我国晚了许多年。1495年，意大利著名的艺术家和科学家达·芬奇设计了一具金字塔形的降落伞，但他没有实践过。1595年，一位名叫韦拉齐奥的意大利人在一个木头架上安上帆布，成功地从塔顶上跳下。1628 年，意大利监狱里有个名叫拉文的犯人，想找个机会逃跑，可是当时的监狱是个很高的堡垒。于是他偷偷找到一把雨伞，用许多小细绳把雨伞的每根辐条系住，把小绳的另一头攥在手里，抱着张开的雨伞跳了下去。拉文跳伞的成功，使航空家发生了很大的兴趣。1783 年，法国人勒诺艺制作了一具形同雨伞的降落伞，从塔顶上安全跳下。1785 年，法国人白朗沙采用重物来进行高空试验：从气球上乘伞下降获得成功。

对降落伞作出杰出贡献的，要数法国的加纳林。1797 年，他用薄帆布做了一具降落伞，吊在热气球下面，升到高空后再切断与气球相连的联系，从 9 000米高的气球上跳下，顺利完成了第一次跳伞。他设计的降落伞，可以说是现代圆形伞的雏形。

19 世纪末和 20 世纪初，出现了完全用织物制成的全伞衣。1901 年，美国跳伞员布罗德威克设计出伞包，使包装后的降落伞体积大为缩小。不久，他又发明了背带，使降落伞可以背在跳伞员身上。

1912 年 3 月 1 日，美国飞行员贝利成功地用降落伞从飞机上跳下。1918 年，一次德国飞行员驾驶的飞机突然发生故障，他依靠降落伞侥幸逃生。从此，降落伞的救生作用普遍得到重视。

救命的降落伞

人从高空中向下落时，速度能达到每秒几十米以上，撞在地上肯定会粉身碎骨。如果张开一顶救命的伞，情况就大不相同了：一顶迎风面积为 20 ~ 30 平方米的降落伞，它产生的空气阻力可以使人的下落速度减少到 5 米/秒左右，和从 1 米高的地方跳下来差不多。这当然不会有危险啦。

飞机发明以后，降落伞不知拯救了多少飞行员的生命。随着时代的推移，降落伞的用途远远超过了救生的范围。第二次世界大战中，前苏联首先用降落伞空降伞兵和作战物资，建立了赫赫战功。气象站利用降落伞收回探测仪器。行星探测器借助降落伞，在行星表面缓缓着陆。宇航员从天外归来时，有时也张开降落伞安全着陆。降落伞还被广泛用于体育跳伞运动中。

几十年来，降落伞有了飞快的发展。方形伞、圆形伞、导向伞、带条伞……纷纷出现。材料也由棉和丝绸发展到尼龙。20 世纪 70 年代初又出现了整伞，它不但可以下降，还能滑翔，是降落伞研制上的重大突破。

风车与风力运用

300 多年前，西班牙的著名作家塞万提斯写了一本书叫《唐·吉诃德》，在世界各地广为流传。书中的主人公唐·吉诃德带领着他的仆人桑丘，在旅行中发现了一个旋转的怪物，唐·吉诃德和桑丘以大无畏的精神冲了上去，几次冲锋都以跌得头破血流而告终。这不可一世的高贵骑士在怪物面前不得不低下了头，这“怪物”就是当时西班牙的风车。

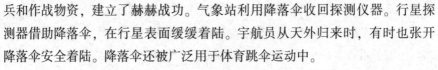

风　车

风车是 10—11 世纪在德国出现，12 世纪开始流行，16 世纪，荷兰成了风车之国，开始用来汲水围海造田，后来用来碾磨谷物。我国风车肯定在德国之前，在唐吉诃德时期，我国是明朝，风车已相当普遍，宋应星的《天工开物》上，记有：“扬群以风帆数扇，俟风转车，风息则止。”

风车是儿童们经常用来作玩具的原型。风车玩具是如此的多，北方的风车玩具往往比较简单，但色彩华丽，江南的风车玩具，制作精良，外形像自行车轮，风一吹好看极了。

世界上的风车大同小异，但在华北大沽、塘沽一带，有一种走马灯式的立帆风车。据说这种风车，在世界上独一无二。

刘仙洲先生在《中国机械工程发明史》上对走马灯式立帆风车作了描述："它是一个立轴圆架，圆架上挂满多个布帆，风来使帆像走马灯那样旋转，立轴通过齿轮把力传出，可以抽水、磨米。"记得电影《柳堡的故事》吗？随着小英莲的歌声，画面上出现的风车，就是走马灯式立帆风车。

这种风车是利用船帆的原理又结合风车旋转周而复始的规律，创造出不同位置最大限度的利用风力：在风车右边的帆，全部利用风力，推着风车逆时针旋转。在风车左边的帆，让风力顺利通过。

在风车转动时，对于任一个帆，转到右边时承受风力，推着风车转，转到左边时，把风全部放走，风车就是靠着众多的帆，帆时而工作时而休息，推得风车不停地转。

知识点

风力发电

风能是一种清洁的可再生能源，其蕴量巨大，全球的风能约为 2.74×10^9MW，其中可利用的风能为 2×10^7MW，比地球上可开发利用的水能总量还要大 10 倍。风很早就被人们利用——主要是通过风车来抽水、磨面等，而现在，人们感兴趣的是如何利用风来发电。

把风的动能转变成机械动能，再把机械能转化为电力动能，这就是风力发电。风力发电的原理，是利用风力带动风车叶片旋转，再透过增速机将旋转的速度提升，来促使发电机发电。依据目前的风车技术，大约是 3 米/秒的微风速度，便可以开始发电。风力发电正在世界上形成一股热潮，因为风力发电不需要使用燃料，也不会产生辐射或空气污染。

风力运用与航海事业

蓝色的海面上，白帆点点，使人心旷神怡；美丽的江南，和风拂煦，“湖平两岸阔，风正一帆悬”，更增添了江南秀色。帆为人们提供了诗情画意，帆更为人们提供了“天赐之力”。

我们的祖先早在3 000多年前已经会用帆了。帆的应用其实是利用风力，古代航海全靠风力。我国古代航海，由于沿海在冬春季节多西北风，一般去南洋一带航海；夏秋季节多东南风，则由南洋返航归国；到日本去则在夏秋季节，返回则在冬春季节。

由于我国用帆早，因此古代航海事业发达。到宋朝，我国的造船工业及远洋航海已经远远领先于世界各国。在明朝，郑和下西洋（1433年）时，组成的船队竟达200多艘，人员多至二万七八千人，而船上悬挂的帆已发展到4～12桅。

张帆使用风力是一个有趣的力学问题。当风向与航向一致，则正风满帆，船乘风破浪，势如离弓之箭。当风向与航行有偏差，作用在帆上的风力仍可调整帆的角度充分利用风力而前进。

利用风力是根据力的合成与分解，由平行四边形法则来确定，这法则最初由牛顿和瓦里尼翁于1687年提出：“即从同一点画出两条直线代表两种力的方向和强弱；另外画两条与上两条直线平行的线形成一个平行四边形，这个平行四边形的对角线就代表合成力。”力的分解则与上述一样，在已知两分解力的方向时，在力的这端与那端，作分解力方向的平行线，得交点组成平行四边形，其边长即为分力。

顺风可以张帆出航，侧风可以张帆出航，逆风同样可以张帆出航，只要利用力学，大自然所给的“天赐之力”都能用得上。

船有帆，车还有帆呢！我国古代向西方传播的科学发明之一就有车帆，即在手推车上张帆。对西方来说，竟比我国落后1 100年呢！手推车对挑担来说是一次革命，在手推车上张帆，又是一次进步。现在浙江东部、山东半岛、

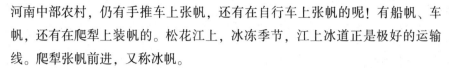

河南中部农村，仍有手推车上张帆，还有在自行车上张帆的呢！有船帆、车帆，还有在爬犁上装帆的。松花江上，冰冻季节，江上冰道正是极好的运输线。爬犁张帆前进，又称冰帆。

让更多的诗人来歌颂帆，让更多的画家来描绘帆，让更多的人来利用帆吧！

利用太阳光压的太阳帆

地球上有各式各样的帆：船帆、车帆、冰帆……地球以外宇宙中也有帆，叫太阳帆。

目前，随着能源危机的加剧，对太阳能的研究也飞速发展。对地球来说，一年收到的太阳能是1970年全世界消耗的总能量的3万倍，可想而知，这是多么巨大的一笔送上门来的财富呀！

现在对太阳能的利用，只局限于热水供应、采暖、空调，虽然已经扩展到太阳能动力机、发电机、太阳能电池、太阳能汽车，但尚未全面应用。地球的能源来自于太阳，直接利用太阳能已到了刻不容缓的地步。

太阳照射在我们身上，不但把热量施加给我们，而且还把一定的压力压在我们身上，但由于人的感觉不够灵敏，察觉不出来。太阳光的压力简称“光压”。根据科学家的计算，在地球表面，安置一片能全部吸收的绝对黑体，在太阳光的照射下，产生的压力强度为0.49×10^{-2}牛/平方米。别小看这“光压”，它却扫荡了太阳系中千千万万个微流星。

美国在1963年，为了便于通讯，在3 600千米高空的“米达斯”六号卫星上发射了无数个针形卫星，组成绕地球的环，把地面的无线电波反射回地球，但由于“光压”的作用，这些针形卫星被赶回了大气层。美国在1960年8月，发射了1 600千米高空的圆轨道“回声”一号卫星，是一个直径30米、重量只有68千克的轻球罐，在“光压”作用下，五个月后由圆轨道变为椭圆轨道，1868年5月也被赶回大气层。所以，500千米以上高空飞行的轻质或微小卫星，不得不考虑到太阳光压的作用。

太阳光压既然有能力扫荡微流星、微卫星、轻卫星，何不利用它作为星际航行的动力呢？是的，科学家正在致力于设计这种飞行器——太阳帆。

设想卫星飞行在外层空间，自动展开着几百米直径的轻质塑料布的太阳帆，在塑料布上涂有高级反射物质铝或银，迎着太阳送来的光压，太阳帆反射着太阳光压，冉冉而去，如童话中的“飞毯”，这是何等美妙和神奇呀！

太阳帆的帆面可以调节，当卫星运行轨道与太阳光线平行，可以使帆面与太阳光线垂直以便得到最大的光压，当卫星运行轨道与太阳光线垂直，可以收起太阳帆。

不会掉落的人造卫星

某小学组织同学们参观天文馆，孩子们都兴致勃勃的。同学们来到人造卫星的面前，听到一个问题：“同学们，你们知道我们无论向上抛什么物体，总会落回地面，这是因为地球引力的作用，地球上任何物体都逃脱不了地球引力的束缚。那么，人造卫星是怎么飞出地球，逃脱地球引力的束缚的呢？”

一时间，同学们议论纷纷，都找不到最合适的答案。正在同学们眉头紧锁时，解说员说：“其实，这可以从月球得到启发。你们知道，月球和地球之间也有万有引力，为什么月球不掉下来呢？原因在于月球不断地绕着地球旋转，在月球旋转的时候，它产生离心力，这股离心力足以抗衡地球引力对它的束缚。所以它高高地悬挂在天上面不会掉下来。”

不会掉落的人造卫星

“因此，我们的科学家们要让发射的人造卫星绕地球旋转而不掉下来，就需要使它具有抗衡引力的离心力。经过我们的科学家计算，离心力的大小与圆周运动速度的平方成正比。据此可以算出，要使物体不落回地面的速度是7.9千米/秒的速度，它就会永远绕着地球运行。科学家正是通过赋予人造卫星很快的速度，使它不从天上掉下来。”听完这些，同学们都受益匪浅。

知识点

第一颗人造卫星

人造卫星的概念始于1870年。1957年10月4日，前苏联在拜科努尔发射场发射了世界上第一颗人造地球卫星，人类从此进入了利用航天器探索外层空间的新时代。

第一颗卫星的设计和制造，主要由前苏联著名的火箭和宇航设计师科罗廖夫领导的试验设计局完成。卫星由镀铬合金制成，重83.6千克，外表呈圆球形，直径58厘米，轨道远地点为986.96千米，近地点为230.09千米，每96分钟绕地球一周。卫星载有两部无线电发报机，通过安置在卫星表面的4个天线，发报机不断地把最简单的信号发射到地面。世界各地许多无线电爱好者当时都接收到了这一来自外空的信号。第一颗人造地球卫星在近地轨道上运行了92个昼夜，绕地球飞行1 400圈，总航程6 000万千米。

楼房整体搬迁与摩擦力

从前，对于蒙古游牧民族，建造固定式的房屋是不可思议的事。蒙古包十分方便、轻巧，易于搬迁。由这种“房屋”组成的“城市”从一地迁移到另一地是轻而易举的事。但因为砖砌石垒的建筑物没有这种特性，所以，在20世纪30年代砖石楼房的整体搬迁就成了轰动一时的新闻。

“这怎么可能呢?”当人们街谈巷议，纷纷地说许多幢大楼要整体“搬迁”时，自然而然地产生这样的疑问。在莫斯科有幢五层大楼，坐落在高尔基大街上。1973 年由于城市改建的需要，这幢大楼必须搬迁，以便腾出空地安排新的建筑物。这座楼房历史悠久，革命前曾是著名的《俄罗斯言论报》编辑部所在地和印刷厂的用房。在大楼的“红色大厅”里，契诃夫等许多著名的记者和著名作家经常聚会，而且大楼本身还是珍贵的古代建筑物，所以决定把它整体迁移。

工程进行得有条不紊，楼房从旧址迁到新址移动了 33 米，搬迁时间总共花了三昼夜。

应该说人类想到搬迁房屋由来已久。历史记载告诉人们，古埃及金字塔的建筑师们已经掌握了运输超重建筑构件，其中包括大型石制横梁的技能。1770 年为了在彼得堡兴建一座彼得纪念碑，重 1 250 吨的巨型石块被架在铜质滚球上滑行了 65 千米。这是利用滚动摩擦代替了滑动摩擦，大大节省了移动力。

最早的一石头建筑物的整体建筑移迁是在 1455 年，完成这项工程的是一位意大利建筑师阿里斯托泰莱·菲奥万蒂；莫斯科克里姆林宫内的圣母升天大教堂也是他设计建成的。在菲奥万蒂的主持下，意大利博洛尼亚市圣马克教堂的石砌钟楼安然无恙地移动了 10 米多。一个世纪后，多梅尼科·韦塔纳把建于罗马的古罗马卡里古拉大帝的方尖碑（高 27 米，重达 325 吨）迁移了 225 米。他先在碑体四周架起木橇架，再用绞车把碑体放平，并利用大量的畜力把方尖碑迁动移位。随后的 300 年没有听说过将整体建筑搬迁的事。直到 1870 年，纽约才出现了一家专营整体搬迁房屋的公司。过后 30 年，有个富于事业心的美国人，名叫拉普兰特开办了一家承接整个村镇搬迁业务的公司。

建筑物的整体搬迁是一件困难而精细的工作，但在现代技术面前已成为一项万无一失的普通作业。据报道，日本为了在现代建筑的冲击下但能保存古老的建筑物，使子孙后代能目睹日本民族古老的建筑，将全国各地有代表性的古建筑搬集到一处，形成一个古日本村镇的实物博物馆。

如何以小力发大力

只要施加不大的力，却能产生很大的力，这叫做小力发大力，这样的好事，何乐而不为呢！

早在四五十万年前，北京郊区周口店中国猿人化石产地发掘出来的石器——尖状石器，以及由尖状石器进一步发展的锥、针、钩，和进入青铜器、铁器时代的刀、斧、镰、锄、镢、铲、剑、镞、铧等都能产生极大的力为人们服务。

以斧劈柴为例，斧面刃角为10°，人把力加在斧上，一般以30千克计算，由斧传给柴的两个侧向力分别为172千克，日常一般所用的斧，斧面刃角在4°～10°左右，以4°为例，加力30千克于斧上，由斧传给柴的两个侧向力分别为429千克。正如古代韩非子所说："用力少，致功大"，小力发大力也。像斧劈柴那样，这种小力发大力叫尖劈原理。

大力士——拔桩机

在压紧装置中，有一种叫楔的部件，在已经很紧的装置中，打入一木楔，使之紧上加紧。在我国元朝王祯的农书上已有加楔的榨油机了，这也是尖劈原理的应用。劈柴用的斧，其刃角当然不能太大，大了发力不大成笨斧；刃角太小也不行，虽然可发力大但容易被柴夹住，所以尖劈原理因不同情况灵活应用。尖劈原理根据力的平行四边形法则把力分解在已知的两个方向，根据两个方向的角度变化，分解的两个力大小不同，当分解的两个力的作用线在一条直线上时，可产生无穷大的力。

小力发大力，也可以应用杠杆原理得到，正如阿基米德所说："给我一个支点，我可以把地球撬起来。"当地球离支点很近，而施加的力离支点很远很远，因两边力矩相等，则施加小力也可以撬起地球了。

在工程上经常以小力发大力做成各种机械，如打包机，拔桩机、液压压紧器、拔钉机、榨油机……为人类的有限施力达到极大力的目的。

应力集中与事故预防

随着工业的发展，发动机的功率越来越大，机器运转越来越快，机械零件的受力越来越复杂，而破坏事故也越来越多。为了提高机械零件强度以防止事故的发生，近年来采用金属材料的后起之秀——钛合金。钛合金比钢轻一半而强度又超过钢，确实是理想的金属材料，但是，事故并没有由于采用钛合金而减少。

事故根源在哪里？科学家、工程师从事故后的调查中得到了答案——应力集中。

应力，简单地说是单位面积上所承受的力，它是物体受力的一种性质指标。一般设计合理的机械零件，内部应力分布是合理的，也就是说应力分布均匀，当承受过量的荷载，内部应力普遍到达极限值才发生机械零件的破坏。设计不合理时，则会使内部应力分布不合理，也就是说应力分布不均匀，出现局部点应力特别大。有时虽然机械零件承受荷载不大，但由于局部点应力过大导致这一点破坏，并影响到相邻点，使相邻点也破坏，这样连锁反应使整个机械零件破坏，整个结构破坏。个别点应力特别大，好像应力都集中到这一点上来了，因而称为“应力集中”。

研究与了解应力集中的形式、特点，对防止事故的发生、合理发挥材料性能是有好处的。

你坐过轮船和飞机吗？它们的窗子为什么都是圆形的？这是为了避免应力集中。虽然开圆窗也会带来应力集中，但是开方窗在窗的四角应力集中相当严重，越是小角度截面处应力集中越是严重。圆窗相对于方窗，截面渐变而缓和了突变。采用圆窗同样也会有应力集中，因此在圆窗外围又加固了一圈加固环。

你敲过锣吗？锣声震撼人心，但是，摔坏的锣声很不悦耳。锣往往因为种种原因而出现裂缝，一经出现裂缝，越敲裂缝越扩展。这是由于裂缝顶点是截面突变的角度最小处，敲锣使裂缝顶点产生很大的应力集中。为了防止裂缝扩展，在裂缝顶点钻一个小圆眼，这样使尖端截面突变有了缓和，锣声又变得洪亮了。你用过绘图三角板吗？大号三角板中间空心三角形的三个顶点，都是以小圆孔过渡以防止过分应力集中的出现。

为了防止应力集中，或者为了减少应力集中，措施是很多的：如阶梯形的轴在阶梯截面突变处用圆角过渡；方槽的四个角也用圆角过渡；在零件表面，采用喷丸强化工艺、液压强化工艺、气相沉积工艺等，有时还采用表面高频电流淬火及镀铬、镀铝、镀铜等，根据不同要求采用不同等级的光洁度；去掉零件表面凸凹不平、毛刺、刀痕；用探伤器检查零件内部空洞、杂质；把住安装关，尤其是压入配合时，注意机械零件的局部损伤，严格遵守操作制度等。

在大自然中，没有一条直线，没有一个平面，没有一个有棱有角的物体，到处是曲线、曲面、光滑而柔和的“体”，使应力集中现象降到最小，有时出现了应力集中，也会以最好的方法进行弥补。我们常看见木板上的木节，在木节的四周布满着深色而强度高的木质，那是由于树木受伤产生了应力集中，树木自动地增强抵抗应力集中的措施。

世界各地年年都有地震发生，地震是地球某处应力集中积聚到一定程度的结果，也就是说，应力集中导致了地球部分地区破裂而产生了地震。根据这个原理，在地球各处布满了地球应力观察站，一旦发现应力异常，而且变化速度又快，就可能要发生地震，从而正确预报地震而减少损失。

事物总是一分为二的，应力集中带来了害处，但掌握了它的规律，也可以变害为利：石工开采石料，利用石料裂缝、节理，然后合理布置炮眼，在应力集中处下手不是可以事半功倍吗？建筑工人用金刚石刀划玻璃，由于玻璃是脆性材料，对应力集中特别敏感，只要用玻璃刀一划，它就会沿着划痕而破裂。雕塑工人做雕塑、瓷器工人制作瓷器……无不利用了“应力集中”。

随着材料科学的发展，一门新的学科——断裂力学已经形成。它是研究受力物体裂纹运动的规律，研究应力、裂缝、物体几何条件三者之间的关系的科学。一场围剿事故“隐患”的战斗正在胜利地进展中。

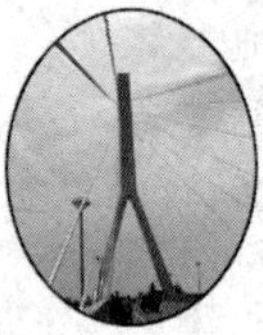

身边的生物力学大家

SHENBIAN DE SHENGWU LIXUE DAJIA

在我的身边有许许多多的生物，它们不但是人类赖以生存的重要物质基础，也是我们的朋友。正是因为了有了它们，我们的生活才变得如此多姿多彩。生机盎然的绿色植物可以美化环境，使人心旷神怡；可爱的小动物使得世界更加绚烂，为人们的生活提供了许许多多的点缀。

其实，这些生物带给人类的远远不止这些。几乎所有的生物都是智慧大师，它们各具神通，使得各自都成为了世界上独一无二的生命。单就力学而言，生物界的力学大师就不少，开在篱笆上的牵牛花、憨态可掬的小猫、善于织网的蜘蛛等都是著名的力学大师。在它们的启发下，人类不但探索，并掌握了更多的科学知识。

走近我们身边的这些生物力学大师，了解它们运用力学的独特手段，对激发我们学习力学的兴趣，提高创新能力都有很大的帮助。

海豚“随机应变”的皮肤

在海洋里，有一种比猴子还要机灵的动物——海豚。对海豚进行训练，它们能打乒乓球，能跳火圈，就像杂技团的演员一样。有人曾训练海豚和猴子，让它们学开电源开关，普通猴子二三百次才能教会，而一般海豚15～20次就学会了。个别更机灵的海豚，5次就能掌握。

游泳能手——海豚

许多人都知道，海豚是游泳能手，它虽然只有二三米长的身躯，几百斤重，可是它每小时却可以游三四十千米的路程，相当于鱼雷快艇的中等速度，它能把普通船只远远地甩在后头。

海豚在水中的“神速”由何而来？我们知道，一个固体在另一个固体表面上有相对运动或相对运动趋势的时候，存在摩擦阻力，这是一种干摩擦。另外，当固体相对于液体或气体而运动时，在固体与液体或气体的接触面上，也作用有阻止相对运动的摩擦力，这种摩擦力称为湿摩擦。当固体浸没在液体或气体中而运动时，除了受到湿摩擦力外，同时还受到液体或气体的压力。迎面所受的压力大于背面所受的压力，因此这种压力也起到阻碍固体在液体或气体中的运动，这种阻力称为介质阻力。介质阻力和湿摩擦力的总和就是固体在液体或气体中所受的摩擦阻力。正是水的摩擦阻力影响了人在水中游泳的速度，影响了船在水中的航速，当然也会影响鱼在水中的速度。船体造成流线型，就是为了减小这种摩擦阻力，从而提高船舶的航行速度。

虽然海豚也具有流线型的体态，但根据常规，由它的体形、身长、体重来分析，不可能达到每小时游三四十千米的速度。经过人们长期研究和观察，发现促使海豚具有“神速”的奥秘在它的皮肤上。原来，海豚的皮肤特别松软，整个皮肤外层小管中充满海绵物质。当它游泳时，这海绵状的皮肤表层能“随机应变”，按照水的紊流作波浪起伏，使它的整个皮肤表层变得和水波的形状一样。如此变化的结果，使水对海豚的摩擦阻力减少了90%。这就是海豚游泳速度极快的主要原因。之后，人们模仿海豚皮肤的结构，造出了一种柔软的人造海豚皮，用它覆盖在潜艇钢壳的表面，果然潜艇的航速大大提高了。

在近些年的国际游泳比赛上，我们经常可以听到“鲨鱼泳衣”，你知道为什么人们要发明这种泳衣呢？依据的是什么物理知识呢？

潜艇是得到了海豚的启示提高了航速，而鲨鱼皮泳衣是从鲨鱼皮的特殊结构得到的启示而模仿制作的。在各国的运动员都想在游泳比赛竞争中取得好成绩，于是就有人开始研究什么样的泳衣可以让人在水中游得更快。我们知道鲨鱼游泳速度非常快，所以人们就研究鲨鱼皮并制作出与之相似的材质的泳衣，所以近些年的游泳纪录屡被刷新。

知识点

仿生学

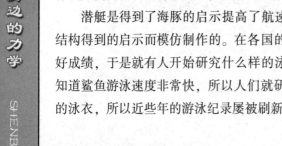

模仿海豚“随机应变”的皮肤制造人造海豚皮，提高潜艇的航速，以及“鲨鱼泳衣”等都是在仿生学的基础上完成的。所谓的仿生学，就是指模仿生物建造技术装置的科学，它是在20世纪中期才出现的一门新的边缘科学。

仿生学研究生物体的结构、功能和工作原理，并将这些原理移植于工程技术之中，发明性能优越的仪器、装置和机器，创造新技术。从仿生学的诞生、发展，到现在短短几十年的时间内，它的研究成果已经非常可观。仿生学的问世开辟了独特的技术发展道路，也就是向生物界索取蓝图的道路，它大大开阔了人们的眼界，显示了极强的生命力。

利用浮力的鱼漂与潜水艇

在清澈见底的小河边，我们可以清晰地观察到鱼儿的活动。只见它们，忽而上升到水面争食，忽而又潜至水底嬉戏；或者在水中游动，或者停在水中的某处一动不动地休息。鱼儿们在水中真是出没自如，沉浮随意。鱼儿能在水中自由自在地游动，与它体内有一个叫做鳔的特殊器官大有关系。有许多种鱼，比如鲫鱼、鲤鱼，当我们剖开它的腹部便可以看到，在背部的下面有一个长筒形的，薄薄的白色气囊，这个气囊就是鱼鳔。

使鱼沉浮的鱼鳔

鱼鳔中充满了空气，这些空气是从鱼的液体中扩散进去的。鱼鳔中的空气量可以自由调节，从而改变了它的体积。当游鱼上升时，它便让气囊充满空气，这时鱼的体积增大，排开水的体积也随之增大，而鱼的体重并没有改变，这时游鱼受到向上的浮力大于鱼的重量，鱼儿上升了。当游鱼下降时，它会减少气囊中的空气，鱼儿的体积减小，排开水的体积也随着减小，浮力要比鱼儿的重力小，游鱼就下降了。而当气囊中的空气被调节到某个适当的量，使鱼儿的重量与它所受浮力相等时，那么，鱼儿就可以停在水中某处“原地”休息了。鱼儿能沉浮随意并不“神奇”。

潜水艇在海中也和游鱼一样，沉浮如意，原来，潜水艇中有几个用钢板做的浮筒，它的作用与鱼鳔的作用是一样的。当潜水艇在水面上航行的时候，

根据鱼鳔制造的潜艇

几个浮筒全是空的。当潜水艇需要潜入水中时，人们便将浮筒中的空气抽掉，让海水流进，流入浮筒的海水越多，潜水艇的重量就越大，当潜艇的重量超过海水给它的浮力时，潜艇便潜入海底下了。当然，进入浮筒中的海水越多，潜艇入水的加速度越大。要让潜艇重新浮上来，也不困难，只要开动气泵，将压缩空气打进浮筒，迫使浮筒中的海水排到浮筒外，潜艇便会减重，当重量小于浮力时，潜艇又上升了。可见，潜水艇之所以沉浮自如，其秘密也不外乎在浮力的利用上。

猫尾巴与转动惯量

倘若有人不小心从楼上掉下去，那是很危险的。但如果让猫四脚朝天地从楼上摔下去，它却安然无恙。说来奇怪，只见它四脚朝天往下落的最后一刹那，把尾巴一甩，整个身体便翻转过来，四肢一着地，平安无事了。为什么猫尾巴一甩，它就能转身呢?

有趣的猫尾巴

原来，转动的物体也有保持其惯性的性质。电动机切断电源之后，仍要继续转动相当长的时间之后才能停下来，这就说明转动物体有保持其转动习惯的性质。物体转动惯性的大小叫做转动惯量，它与物体的质量有关，物体的质量越大，其转动惯量也越大。不仅如此，物体的转动惯量还与物体质量的分布情况密切有关。譬如，两个质量相同的两个轮子，一个边缘比较薄，一个边缘比较厚。它们的质量分布是不一样的，那个边缘比较薄的轮子，平均来说，质量的分布离通过中心转轴比较近，它的转动惯量比较小，而那个边缘比较厚的轮子，平均来说，质量的分布离通过中心转轴比较远，它的转动惯量比较大。怪不得机器上的飞轮要做得比较沉重而且边缘比较厚呢，原来它是为了增大转动惯量，使机器在运转过程中平稳。这样看来，改变物体质量的分布情况就将可以改变物体的转动惯量。

此外，力学上还有一条重要的定律。叫做动量守恒定律。它说的是：当物体不受外力矩作用时，物体的转动惯量与角速度的乘积不变。这样，当物体不受外力矩作用时，如果它的转动惯量变小，角速度将增大，而转动惯量变大时，则角速度将变小。

旋转的滑冰运动员

你见过花样滑冰表演吧。那晶莹的冰场，宛若又宽又大的镜面；那表演花样滑冰的个个运动员，犹如那翩翩起舞的仙子。当他们旋转时，突然把张开的双臂向胸前收拢，只见他们的身躯绕着自己的轴越转越快，令观众眼花缭乱。真叫人羡慕，叫人钦佩，巴不得自己也能像他们一样在这晶莹的冰面上飞速地旋转。原来，当花样滑冰运动员突然收拢双臂时，他身体的质量重新分布，离转轴近了，这样，他的转动惯量变小。根据角动量守恒定律，转速就加快了。

芭蕾舞演员作转体表演时，也是利用这个道理。只见演员先把双臂伸开，踮起脚尖旋转，然后迅速收拢双臂，转动惯量随之变小，角速度便随之而变大，旋转便加快了。猫刚从楼上摔下去的时候，身体并不旋转，角动量等于零。在它快落地时，尾巴一甩，在甩动的方向上就有一个旋转的角速度。此时，猫并未受到外界的作用，因此必须有一个与甩动角速度方向相反的旋转，才能保持角动量等于零，这个反方向的旋转，就是猫翻转身体的旋转。加上猫很灵巧，迅速收拢身体，使它的转动惯量减少，从而身体旋转速度加大，一下子就把身体翻转过来，四肢着地，便安然无恙了。看来猫尾巴的作用还不小呢！

利用这个原理，还可以用来判断生熟鸡蛋呢！有两个鸡蛋，一个是生的，一个是熟的，如何既不打破蛋壳又能把它们辨别出来呢？我们可以这样来判别：用同样的力，使这两颗鸡蛋在桌面上转动。我们将会发现，这两颗鸡蛋转动的快慢并不一样。这时，我们可以断言，转动快的那颗鸡蛋是熟的，而转动比较慢的那颗鸡蛋是生的。

此外，还可以这样来判断：当它们旋转之后，用手轻轻地在它们上面按一下，其中一个立即停止转动，而另一个仍摇摇晃晃地再转几圈。这时，我们即可断言，立即停止转动的那颗鸡蛋是熟的，而摇晃着再晃几圈的那颗鸡蛋是生的。

原来，生鸡蛋里面的蛋黄和蛋白处于液体状态，可以流动。而熟鸡蛋中的蛋黄、蛋白处于固体状态，与蛋壳连成一体。我们转动鸡蛋时，生鸡蛋的壳开始旋转，而里面液体状态的蛋黄与蛋白却要保持自己原来的静止状态，这就使得整个鸡蛋的转速慢。而熟鸡蛋的蛋黄、蛋白与蛋壳是一个固态的整体，因而很快地旋转起来了。

在转动的鸡蛋上用手按一下就能判断生，熟鸡蛋的根据是什么？

原来，已在旋转的鸡蛋，我们用手按一下离开之后，生鸡蛋外壳虽有停止的可能，但是其中液态的蛋黄、蛋白却要保持转动的状态，因此它会带动蛋壳再摇摇晃晃地转上几圈。而熟鸡蛋的蛋壳、蛋白、蛋黄是连成一个整体的固体状态，当外壳停止运动，与它连成一体的蛋黄、蛋白也就立即停止运动了。

知识点

能量守恒定律

自然界中不同的能量形式与不同的运动形式相对应：物体运动具有机械能，分子运动具有内能，电荷的运动具有电能，原子核内部的运动具有原子能等。不同形式的能量之间可以相互转化："摩擦生热是通过克服摩擦做功将机械能转化为内能；水壶中的水沸腾时水蒸气对壶盖做功将壶盖顶起，表明内能转化为机械能；电流通过电热丝做功可将电能转化为内能等等"。某种形式的能减少，一定有其他形式的能增加，且减少量和增加量一定相等。这就是著名的能量守恒定律。

能量守恒定律是由英国著名科学家焦耳发现的。为了纪念焦耳，人们便将能量的单位命名为焦耳。

"海里火箭"带来的启示

乌贼是我国著名的海产。它虽属于贝类，但是没有外壳，是一种软体动物。由于它具有施放黑色"烟幕"的本领，人们才将它叫做乌贼，也叫做墨鱼。它的头上长着10只长脚，身上有一个墨腺。依靠这个墨睬，乌贼能制造出乌黑如墨的分泌物。一受刺激，乌贼便将这黑色的分泌物喷出，将周围的海水染得墨黑。在这"黑幕"的掩盖下，乌贼将出其不意地捕捉它的食物，或逃避它的敌人。大乌贼有18米长，3万千克重，它把能将海中的大鲸击败，小船遇上了它，也有危险。曾经有一条小船被大乌贼的长腿所缠绕，幸好渔民迅速用斧头砍断了它的脚，才避免了一场灾难。

乌贼善于游泳，素有"海里火箭"之称，其游泳的速度在海里的生物中也是名列前茅的。当乌贼慢游时，是依靠它身体两侧鳍的摆动，显得潇洒、斯文。当它需要快速冲刺时，则利用喷水的方法使游速高达五六十千米/小时，且轻捷如燕。乌贼喷水游泳的独特方式，与火箭飞行原理是一样的。

全身都是软肉的乌贼，有一个很大的外套腔，上部有一个环形进水口。从进水口进入外套腔的水，由软骨组成的“活门”将其关闭起来。这样，外套腔这个“贮水器”中就贮满了水。在乌贼的头部，除了 10 只长脚和眼睛外，还有一个类似漏斗的喷水口。这喷水口长得内口大而外口小，是个绝好的喷嘴。当乌贼收缩它强有力的肌肉的时候，便压迫外套腔中的水从喷水口猛射出去，宛如火箭喷射出的烟火。这时，乌贼便能以很快的速度向后退去。贮水器中的水喷完了，收缩的肌肉就松弛了，“活门”重新开启，水又进入贮水器，这时便可以进行第二次喷水。喷水口一次又一次地喷水，使乌贼连续不断地向后迅速退去。

上天的火箭喷出的是烟火，“海里火箭”喷出的是水；火箭的燃料要一次带足，且造价昂贵，乌贼的“燃料”却可不断更新，且海水是自然之物，取之不尽，用之不竭。火箭所能达到的最大速度，与火箭的“级”数有关，而“海里火箭”喷水的次数可以是任意的，前进的速度是“随心所欲”的。

在内河运输中，有一种喷水拖船。这种拖船上装有水泵，它将江河中的水抽进船上的贮水箱中，然后由船尾喷射出去，这样拖船便能向前行驶了。这种船是模仿乌贼设计制造的。

由于喷水拖船是依靠喷水行驶的，因此它不像轮船那样，需要在水下安装螺旋桨，它能在浅水中行驶，这是轮船所办不到的。

多么巧妙，乌贼独特的游泳方式，竟启发人们创新了浅水航运的工具。

人体的骨杠杆运动

在人体生理卫生课上已经学过，人身上有 206 块骨，其中有许多起着杠杆作用，当然这些起杠杆作用的骨不可能自动地绕支点转动，必须受到动力的作用，这种动力来自附着在它上面的肌肉。

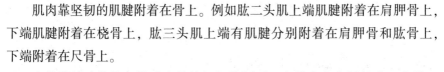

肌肉靠坚韧的肌腱附着在骨上。例如肱二头肌上端肌腱附着在肩胛骨上，下端肌腱附着在桡骨上，肱三头肌上端有肌腱分别附着在肩胛骨和肱骨上，下端附着在尺骨上。

人前臂的动作最容易看清骨的杠杆作用了，它的支点在肘关节。当肱二头肌收缩、肱三头肌松弛时，前臂向上转，引起曲肘动作；而当肱三头肌收缩、肱二头肌松弛时，前臂向下转，引起伸肘动作。前臂是个费力杠杆，但是肱二头肌只要缩短一点就可以使手移动相当大的距离。可见，费了力，但省了距离。

在人体中，骨在肌肉拉力作用下围绕关节轴转动，它的作用和杠杆相同，称为骨杠杆。人体的骨杠杆运动有三种形式：

（1）平衡杠杆：支点在力的作用点和重力作用点之间。如颅进行的仰头和俯首运动。

（2）省力杠杆：重力作用点在支点和力的作用点之间。如行走时提起足跟的动作，这种杠杆可以克服较大的体重。

（3）速度杠杆：力的作用点在重力作用点和支点之间。如肘关节的活动，这种活动必须以较大的力才能克服较小的重力，但运动速度和范围很大。

知识点

杠杆原理

古希腊科学家阿基米德有这样一句流传千古的名言：“给我一个支点，我就能撬起整个地球！”这句话有着严格的科学根据，即杠杆原理。在力的作用下如果能绕着一固定点转动的硬棒就叫杠杆。在生活中根据需要，杠杆可以做成直的，也可以做成弯的，但必须是硬棒。

阿基米德在《论平面图形的平衡》一书中最早提出了杠杆原理。他首先把杠杆实际应用中的一些经验知识当作“不证自明的公理”，然后从这些公理出发，运用几何学通过严密的逻辑论证，得出了杠杆原理，即“二重物平衡时，它们离支点的距离与重量成反比。”阿基米德对杠杆的研究不仅仅停留在理论方面，而且据此原理还进行了一系列的发明创造。

牵牛花和蛇给欧拉的启示

牵牛花，细细的藤，青青的叶，开出喇叭形鲜艳的花，藤不断地向上爬，花开了又开，呈现出欣欣向荣的景象。

牵牛花自己不能自立，只有找“靠山”伸直身子，生存要求它必须具备向上爬的本领。仔细观察一下它的藤：藤上生长着很多很多的“小毛毛”，这与南瓜藤、丝瓜藤没有什么两样；再仔细观察观察，牵牛花的“小毛毛”却比其他藤长得高明。原来，它是斜着向下生长的，每一根“小毛毛”像一把把小钩子，钩着竹竿向上爬，这对增加藤与竹竿的摩擦力起到很大作用。牵牛花的藤还螺旋式的一圈一圈地绕着竹竿上升，就是在大风中也能相依为命，连在一起。

不能自立的牵牛花

由牵牛花的藤，使人不禁想到了蛇。小时候，曾见到了蛇的精彩表演：

蛇用尾巴缠住房檐下的椽子，整个蛇身悬在半空，把头伸向雀窝，享受着美味的雀蛋。

牵牛花能绕圈上爬，蛇能用尾巴绕圈经得住本身的重量，自然界的这种现象，也反映在日常生活及工业上，这种现象要求人们对它进行科学解释，于是大批科学家投入了辛勤的劳动。一位发表过750多篇论文的数学家、力学家欧拉（1707年—1783年），在1765年终于求得了答案，这就是有名的欧拉公式，它为工业上皮带传动的计算奠定了基础。

把绳绕在轴上，当抓住其中一端，则另一端可以承受很大的荷载。可以承受的荷载与缠绕的圈数有关，与绳和轴的摩擦系数有关，与抓住绳的一端的拉力有关。欧拉根据这些总结出了具体的计算公式，并为实践所验证。

现有一根很结实的绳子缠绕在圆截面的横梁上，绳子的一端有人拉着，一般拉力为20千克，绳与圆截面横梁的摩擦系数一般为0.3。当缠绕半圈时，大约可拉起一辆自行车；当缠绕一圈半时，可拉起一辆摩托车；当缠绕两圈半时，可拉起一辆小轿车；当缠绕三圈半时，可拉起一辆十轮卡车。随着圈数的增加，可以拉起的重量不断增加。

其实，人们早就利用这种方法来拉住物体了。在长江上的航船，每到一地船要靠岸，都可以见到船工操作：首先，船上船工向岸上船工抛过去一根麻绳，岸上船工接绳后立刻在矮铁柱上一绕，然后，慢条斯理地在两个矮铁柱上缠起“8字”来，越缠越多，最后，打了一个结，让摩擦力去拴住大轮船吧！据说，关键就在接麻绳后的第一绕圈。

关羽何以能战功赫赫

关羽，字云长，身高九尺，髯（两腮的胡子）长二尺，面如重枣，丹凤眼，卧蚕眉，手提青龙偃月刀，身骑赤兔马，冲锋陷阵，威风凛凛。

其实关羽的武艺并不高超。三国演义中有一回“破关兵三英战吕布”，张飞敌不过吕布，关羽参战仍然不能取胜，最后刘备也上去了，刘、关、张这三英战吕布，混战一场也只能说打了个平手，关羽肯定敌不过吕布，他与黄忠武艺差不了多少。

武艺不算高超，但战功赫赫，原因何在？

古人说的好，“两军相迎勇在先”，关羽是一员勇将，而且赤兔马的速度惊人，在力学中有一专用名词叫动能，它是质量与速度平方乘积的一半。下面分析一下关羽在出阵时的动能：成都武侯祠中塑着一尊关羽像，身材魁梧高大。《三国演义》中说他身高九尺，折合现在为2.02米，估计体重为80千克。青铜偃月刀重82斤，折合现在41千克；坐骑赤兔马，浑身上下火炭般赤，无一杂毛，从头至尾长一丈（约3.33米），从蹄到顶高八尺（约2.64米），嘶喊咆哮有腾空入海之状，这样的马估计约700千克。以上合计共821千克。

速度奇快的赤兔马

赤兔马在战场上爆发出来的速度是相当惊人的，现以20米/秒的速度计算。关羽冲锋时的动能，经计算达到16 420千克米。

知识点

动　能

一般把物体运动所具有的能量，称为物体的动能，也可以理解为某物体从静止状态至运动状态所做的功。它的大小定义为物体质量与速度平方乘积的一半。因此，物体的速度越大，质量越大，具有的动能就越大。动能具有以下3个特点：动能是标量；动能具有瞬时性，在某一时刻，物体具有一定的速度，也具有一定的动能，动能是状态量；动能具有相对性，对不同的参考系，物体速度有不同的瞬时值，也就具有不同的动能，一般以地面为参考系研究物体的运动。

动物承重与骨质强度

著名作家秦牧著有《艺海拾贝》一书，书中有一篇“象和蚁的童话”，其中有：“有一头大象和一只蚂蚁比赛力气，请仙人裁判。”

大　象

大象挥动长鼻子拔起了一棵大树，卷着来回走了一程，显得十分自豪。蚂蚁呢，它不慌不忙，咬断了一根小草，吃力地把它拖着走了一段路，仙人看了，出乎一切动物意料之外地评判道：“我认为蚂蚁的气力比象大，因为象拖动着大树，还没有它的身躯那么重。而蚂蚁呢，它衔着的小草都已经等于它的体重的25倍，单就大树和小草的重量来说，大树自然要比小草重得多。但是按照一只动物的大小和它能够拖走多重的东西比较一下来说，蚁的气力却比大象大好几十倍了！”

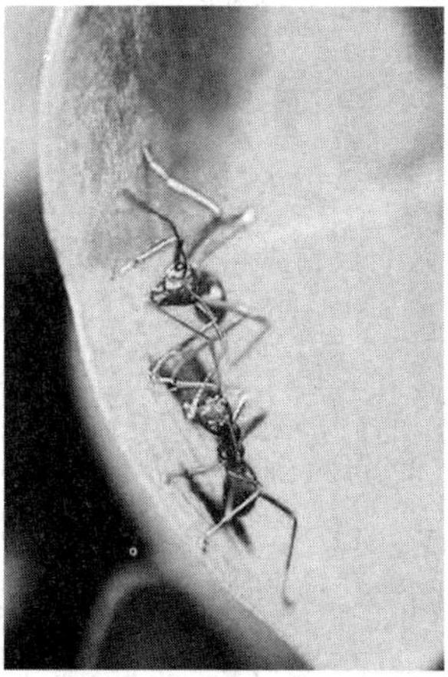

蚂　蚁

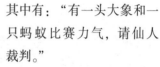

从做功的角度来说，蚂蚁的气力与大象的气力相比是微不足道的，但仙人主要的论点是大象卷起的大树与大象本身重量之比为1∶1，而蚂蚁拖着的小草与蚂蚁本身重量之比为25∶1，既然大

象气力大，为什么不能像蚂蚁那样，背起是自己体重25倍的物品呢？

这个问题，很早已经引起人们的注意，伽利略在《关于两门新科学的对话》一书中，借书中主人公萨尔维亚蒂之口说："一只小狗可以背起两只甚至三只同样大小的狗，可是一匹马却不一定能够背起哪怕是一只同样大小的马。"

原来，所有的动物承受重物，关键在于动物的骨骼，骨骼的承受能力是骨质的强度（单位面积上承受的力）与骨骼横截面有效面积的乘积。小狗骨骼的骨质强度与骨骼横截面有效面积的乘积，决定了小狗能背起两三只小狗。所有动物的骨质强度都差不多，即马的骨质强度与小狗差不多，虽然马骨大，马的骨骼横截面有效面比小狗大，但大得毕竟有限，所以马骨比小狗的骨承受能力大得也有限，故马只能背起与它差不多大小的马了。大象骨骼要承担的力比蚂蚁骨骼要承担的力大千万倍，但大象的骨质强度不可能比蚂蚁的大几十万倍，因为大自然不可能造出比蚂蚁骨质强度大几十万倍的材料，况且，大象的骨骼除了负担大象自身硕大的重量外，富余能力已不多，否则将会造成骨折的危险，对于按比例负担重量来说，大象只好甘拜下风了。

娴熟利用离心力的长臂猿

英国人赫胥黎著有《人类在自然界的位置》一书，书中引述了马丁对敏捷的长臂猿的报道，其中有一段："它（雌长臂猿）动作的敏捷和优美，几乎难于用文字表达，它在林中从这枝到那枝，好像仅仅触着枝上一点点，真如飞腾在空中一样。……每一次极其轻易地移过12英尺（相当于3.66米）至18英尺（相当于5.49米）的距离。几小时持续不断地移动，也毫不出现疲乏的样子。显然，如果林中有更大的空地，它第一次的移动还远远不止18英尺远呢！因此迪沃歇说，他曾看过长臂猿从一树枝到另一树枝，一跃相距40英尺（相当于12.19米）。这话虽然很惊人，但还是可以相信的。有时在握着树枝前进时，它用仅仅一臂之力，绕着树枝旋转一圈，转动之快速几乎使眼

利用离心力的大师——长臂猿

睛来不及观察，随即又以同样的速度，继续前进……它的身体好似用绳挂存树上一样。”长臂猿在平地上行进是相当笨拙的，它高举前肢以保持身体的平衡，恰如庙会上走钢丝的艺人，显然，它真正的本领在树林中，无论玩耍、争食、逃跑，都离不开圆周运动。它身材虽然不及人的一半高，而且又瘦又小，但用离心力作为一切活动的手段是任何其他动物所没有的，尤其当它行进速度减下来时，“它用仅仅一臂之力，绕着树枝旋转一圈”，作为加速的动力，再度发挥出它特有的本领，真称得上利用离心力的大师了。

在体育运动中，有一项链球运动，人挥舞着带链的球，利用离心力把链球抛了出去，但动作之优美、自然却不及长臂猿了。人类利用离心力到底比长臂猿聪明，因为人类能思索、能创造。比如离心分离器，在两只金属管内放置好要分离的液体，当旋转时，两只金属管里原来垂直下挂成为水平乳状的混合液在旋转后取出时，在金属管的底部为沉淀物，物面上部为清水。

人类对离心力的利用远非这些，其他如洗衣机的甩干、蒸汽机中的飞球式调速器、制糖工业中分离糖蜜液体、铸造工业中离心浇铸法，等等。

动物的“力学头脑”

意大利航海家哥伦布1492年奉西班牙统治者斐迪南之命，携带致各国皇帝的国书，率船3艘、水手87名，从巴罗斯港出航，横渡大西洋，到达巴哈马群岛和古巴、海地等。后又三次西航到达牙买加及中美、南美洲大陆沿岸地带。哥伦布作环球旅行时，发现蝴蝶能横渡大洋，从欧洲飞往美洲，飞行速度可高达50千米/小时。蝴蝶有什么高超的本领呢？一直是个难解的谜。

这个谜，不久前才被生物力学家揭开。原来，蝴蝶飞行时，能巧妙地利用翅膀的配合，构成一个绝妙的“喷气发动机”：前翅形成吸气管，后翅则形成一个喷管。这样，蝴蝶便不用多大劲，只借助这股小小的“喷气流”所获得的反推力，就可以顺利地完成洲际旅行。

会用反推力的蝴蝶

其实，还有不少动物同样也有着“力学头脑”。乌贼遇到敌害，会施放烟幕弹，喷出墨汁一样的发光液体，掩护自己逃跑。近来，生物力学家观察研究，发现乌贼喷墨还有加速作用。它把墨汁喷出体外，获得海水的反推力，从而使自己加速向前游去。水母、海参等软体动物，也都有类似的本领。

失败的骡子“自行”火炮

这是一个真实的故事。

100多年前，在美国西部的一个要塞中，一名爱动脑筋的少校想：“现在的炮车要马和骡子拉。道路不好走时，还要把它拆开来驮运，射击时再组装起来，太麻烦了。如果把火炮直接安在马和骡子背上，不但行军速度提高了，而且进入、撤出阵地的时间也会大大缩短。”

他把这个想法上报给要塞司令官，司令官大加赞赏，决定让少校马上组织进行实验。少校命令士兵们挑选了一门榴弹炮和一匹非常健壮的野战骡子。士兵们七手八脚地用皮带把榴弹炮炮口朝后牢牢地捆在骡子的背上，并且在炮管里装入一枚球形榴弹，少校把骡子牵到悬崖上，让它转过身来使炮口指向河中的目标。军官们在距骡子不远处围着骡子站成一个弧形看热闹。少校得意洋洋地宣布说：“世界上第一门自行榴弹炮射击实验开始。”接着把定时引信插入榴弹炮火门中。

会用火炮的骡子

骡子听到自己背上发出嘶嘶的响声，心神不安地害怕起来。它转过头来想看到底是什么东西在自己背上，它一回头不要紧，身子也跟着转了过去，炮口在水平方向横扫起来，当它看清楚是刚才捆在自己背上的那个大黑家伙冒着烟时，终于惊厥起来，四条腿缩成一束原地打起转来。榴覆弹的作用半径是3千多米，眼看周围的每一个人都有被炮弹击中的危险。

军官们慌乱起来，要塞司令官像猴子一样爬到一棵大树上；中尉们连滚带爬地向崖边跑去，一个接一个地跳进河中。副官掉头撒腿向要塞跑去；军士们原地卧倒，用刺刀匆匆地建造着围墙；少校呢，被骡子撞倒在地上。骡子的背上不断地喷出一团团烟雾，“轰”，发出了沉闷的一声巨响。只见骡子往后边连续翻滚着，滚下了悬崖。而炮弹却朝着要塞飞来，正好击中了少校宿舍的烟囱。聪明的少校为什么会失败？原因是他忽略了火炮射击中的后坐力。炮膛内火药气体产生的压力推着弹丸向炮口方向运动时，会产生一个向后的力，推动炮膛后壁，这个压力即使在那时火炮威力较小的情况下也有几千千克之大。几千千克的力一瞬间作用在体重不足一二百千克的骡子上，后果不难想象。这次失败给人一个启发：注意后坐力。因此现代自行火炮除具有反后坐力的装置外，还把火炮装在一个很像坦克底盘的大铁家伙上，就是充分考虑了后坐力的缘故。

蜘蛛的液压腿与液压传动

自古以来，凡是和蚊子打过交道，领教过蚊子叮咬的人，没有不憎恶它的。蚊子的嗡嗡声将你从美梦中吵醒；它那六根利剑般的螯针神不知鬼不觉地制入你的皮肤，抽走你健康的血液；它还是许多疾病的传播者。因此，人们一直在想方设法消灭各种各样的蚊子。

蜘蛛是蚊子的天敌。蜘蛛有八条腿，腹部后端有六个吐丝器，六个吐丝器外面有一千多个吐丝孔。每个小孔泌出一滴黏液，这液滴遇见空气便变硬成丝，一千多根细丝又并起来成为一根黏性的细丝，这就是我们所见到的蜘蛛网上的蛛丝。蜘蛛丝非常细，大约只有人头发的十分之一。蜘蛛用这些细丝编结成具有黏性的网。编织成功之后，它便躲到一边，静等“自投罗网”的蚊子。每到夏、秋两季的傍晚，蚊子纷纷出动，准备向人类袭击，它们嗡嗡作响，横冲直闯，张牙舞爪。它们可没想到，有的被人们打死，有的难逃蜘蛛的“法网”。你看那落到蛛网里的蚊子，起初挣扎着，晃动着蜘蛛网企图逃掉，可那黏性的蜘蛛丝却将它紧紧缚住，动弹不得。蛛网被晃动，躲在一旁的蜘蛛便得到了“果实”飞来的信号，它驱动那八条“液压腿”迅速赶到那里，美餐一顿。

蜘蛛的液压腿

“液压腿”，这名字好叫人费解。原来，人们发现，蜘蛛的腿不像其他动物一样，里面没有肌肉，只有液体，它的爬行不是靠肌肉伸缩带动腿，而是靠液压的传动。蜘蛛能使腿中的液压剧增或锐减，并依靠液压的传动来使它的腿弯曲或伸直而爬动。

于是，人们叫蜘蛛的腿为液压腿。

液压传动在生产中也有广泛的应用。飞机起飞或降落后，都要依靠几个轮子在跑道上滑行。起飞以后，要将这几个轮子收起；降落时又须将这几个轮子放下。飞机轮子的收起或放下，就是依靠液压传动进行的。拖拉机耕地时，经常要根据需要提升或降低它后面的农具，这项工作也是靠液压传动进行的。工厂中，有些车床的工作也有液压传动的功劳。矿井里使用液压金属支架，可以根据顶板的高度来调节高低，这调节过程也是利用液压的传动。

总之，液压传动正在许多机械中大显身手。

鱿鱼的游泳速度与力学

鱿鱼，是游得最快的动物。看它们的外形，就知道它们善游；菱形的肉质鳍像把尖刀刺开海水，流线型的身体又减少了游泳的阻力。更重要的是，所有的鱿鱼都拥有“火箭推进器”——外套腔，利用喷水原理使身体前进。

利用喷水前进的鱿鱼

鱿鱼的躯干外面包裹着一层囊状的外套膜，外套膜里面则是一个叫外套腔的空腔。一旦灌满水，外套腔的入口便扣上了，鱿鱼使劲挤压外套腔，腔内的水没处去，就从颈下漏斗喷出，喷水的反作用力推动枪乌贼向反方向前进。为了使自己获得高速度，鱿鱼在进化过程中，抛弃了沉重的外壳，用轻软的内骨骼支持身体。鱿鱼的游泳速度可达 50 千米/小时，逃命时更高达 150 千米/小时，被人们誉为“海中的活鱼雷”。鱿鱼能以两种姿势交替游泳。吃饱了，没有危险，它就用菱形鳍慢悠悠地划水，身体呈波浪形有规律地前进。遇到危险或捕食时，鱿鱼则将尾部朝前，头和 10 个触手转向尾部，触手紧折在一起，利用喷水方式前进。此时，身体成为优美的阻力最小的流线型。

本领最大的一种鱿鱼，还能表演凌空飞行的绝技。这种鱿鱼体长 16 厘米，当它们以极快的速度跃上波峰借着下跌的浪头滑到空中时，菱状肉质鳍成为稳定飞行的“机翼”。鱿鱼能飞 7～8 米高，然后呼地落回海中。倘若不幸落在甲板上，便成为海员的美味佳肴了。

章鱼吸盘带来的启示

据说，20 世纪日本皇室一艘满载朝鲜贵重瓷器的货轮在日本海沉没，尽管知道沉船准确地点，但因潜水员下潜不了那么深，于是求助于章鱼……

章鱼跟乌贼一样，同属头足类动物。因为它的“脚”长在头顶上。章鱼有 8 只长脚，活像 8 条带子，故有人称为“八带鱼”。其实，章鱼本不是鱼，而是一种贝类。

吸力强大的章鱼吸盘

章鱼脚上长有强有力的大吸盘，平时嗜好器皿，喜藏匿其中，吸附不出。人们利用它这个怪癖，得益不浅。

希腊的克里特岛，由于煤船的频繁往来装卸，海底堆积了厚厚一层煤。渔民们常捉来章鱼，拴在长绳子上丢进海里，让章鱼到海底去抓煤块，然后再把绳子拉上来，煤块也就捞上来了。

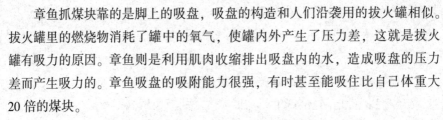

章鱼抓煤块靠的是脚上的吸盘，吸盘的构造和人们沿袭用的拔火罐相似。拔火罐里的燃烧物消耗了罐中的氧气，使罐内外产生了压力差，这就是拔火罐有吸力的原因。章鱼则是利用肌肉收缩排出吸盘内的水，造成吸盘的压力差而产生吸力的。章鱼吸盘的吸附能力很强，有时甚至能吸住比自己体重大20倍的煤块。

文章开头提到的日本沉船上的瓷器打捞正是利用了章鱼脚上的吸盘。人们把章鱼系上细绳投入大海，沉至海底，章鱼便觅罐而卧。随后，人们拉起绳子，顽固的章鱼死吸住器皿不放，于是一个个贵重瓷器被吸拉上来。

章鱼强有力的脚和吸盘是它的防御工具。在海洋里，与它同样大小的动物都受其害，就是最大的、装备最好的虾，也难免成为章鱼的牺牲品。据说，产于北太平洋的大章鱼，其脚有3米长，潜水员碰上它，凶多吉少；它甚至能把脚伸到小艇上，把小艇拖翻！

章鱼凶残，可对其子女却照顾得无微不至。章鱼为了保护自己所生的蛋，常端坐蛋上，须臾不离，不吃不喝，以保下一代平安出生。

有趣的是，章鱼休息时，总是留一两条长脚“值班”。长脚不断转动，如触到敌害，它便会跳将起来，逃之夭夭。章鱼还有一套登陆越境的绝技。科学家吉利帕特里曾亲历过这么一回事：有一天，他提着一只盛有章鱼的水桶进书房，想让客人们观赏，在等待客人时，他专心看书，突然听到一声巨响，原来水桶里的章鱼竟越出水桶口，爬上书架，将一本厚书推了下来。

章鱼吸盘产生巨大吸力的道理，人们早已用来研制用具和机器。常见的如“真空吸盘式”塑料挂衣钩。这种塑料吸盘只要往玻璃或者平整的木板上按，挤出盘内空气，就能牢牢地吸在上面，一个小小衣钩可擎住一件大衣的重量。在工业上，人们利用这个原理制成了真空起重机。这种起重机用吸盘代替了普通起重机的吊钩，工作时像章鱼一样，把装有吸盘的吊臂对准吊物的光滑部位，就能牢牢地抓住起吊物。国外有人曾用这种起重机吊运重达30吨的水泥预制板。

知识点

真空及其运用

真空是一种不存在任何物质的空间状态，是一种物理现象。在“真空”中，声音因为没有介质而无法传递，但电磁波的传递却不受真空的影响。事实上，在真空技术里，真空系针对大气而言，一特定空间内部之部分物质被排出，使其压力小于一个标准大气压，则我们通称此空间为真空或真空状态。真空在生产生活中被广泛运用，最常见的是我们平时吃的一些熟食所使用的真空包装。

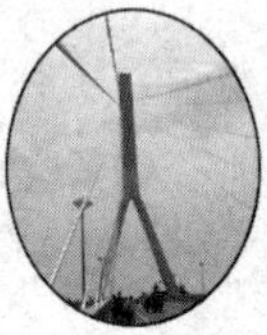

科学家研究力学的故事

KEXUEJIA YANJIU LIXUE DE GUSHI

科技是人类文明的标志之一。古今中外，人类社会的每一项进步，都伴随着科技的变革。一般地讲，科学变革是指人们认识客观世界的质的飞跃，它表现为新的科学理论体系的诞生；技术变革是指人类改造客观世界的新飞跃，它表现为生产工具和工艺过程方面的重大变革。然而，无论怎样，科技变革都离不开科学家们的努力。

在人类的文明史上，和众多领域的科学家一样，物理学领域的科学家们凭借着他们的聪明才智以及辛勤努力，创造了许许多多的科学奇迹。他们要么创造了新的理论，要么发明了新的装备，为人类创造了巨大的物质财富和精神财富。随着知识经济时代的到来，必然会有更多的科学家创造更多的科技奇迹，继续为人类文明作出更加巨大的贡献。

墨家最早发现浮力原理

毛泽东同志曾经在自己的词《沁园春·长沙》中写到，“问苍茫大地，谁主沉浮”。这是毛泽东同志直面当时国内复杂的形势，对民族的生存究竟由谁来掌握、对国家的前途切切在心而发出的感慨。而在自然界中，最突出的沉浮现象显然是发生在水里。一个物体放到水里是沉是浮，到底决定于什么呢？这个“谁主沉浮”的问题自古以来一直有人在研究，并有不少学者竞相回答。

人类进入文明时代以后，经过较长时间的探索，终于使沉浮问题的眉目变得比较清楚了。在二千几百年前的中国和希腊，都有学者拿出正确的答案。这就是浮力原理的发现。从现有材料看来，世界上最早发现浮力原理的功劳，应当归于我国先秦时代著名的墨翟学派——墨家。

关于浮力原理的根本，墨家精辟地指出：整个浮体的重量与水对浮体的水下部分的浮力平衡，就像市场上甲商品 5 件与乙商品 1 件等价交换一样。这个比喻显然很恰当。一个物体放到水里，它是沉是浮，决定于它的比重。比重大于水的物体，它的重量大于同体积的水，水的浮力小于它的重量，它放到水里就一沉到底。这就像甲、乙两种商品 5:1 才等价，6:1 不等价、难成交一样。而比重小于水的物体，它的重量小于同体积的水，它就浮在水面，成为浮体；水对它没入水中的部分的浮力就足以承受得了它的重量。对于浮体来说，比重是决定它的沉浮程度的主要因素：在几何形状相同的情况下，比重越大的浮体吃水越深。例如，比重 0.6 的枞木块放到水里，它的高度没入水下 60%；而比重 0.9 的冰块——它的高度没水 90%。

一般人往往认为体积大的浮体放到水里吃水深。其实不尽然。对于一定比重的浮体来说，一般不是它的体积越大吃水越深，而是它的高度越大吃水越深。将一个大体积的浮体做成扁平状，它的吃水深度仍然可以是小的。例如，同样是体积 8 000 立方厘米的枞木块，厚度 10 厘米的平放入水，吃水 6 厘米；厚度增加到 20 厘米的，吃水增加到 12 厘米。可见吃水深度与浮体厚度有关，而与浮体总体积无关。因此，墨家指出，体积大的浮体吃水可以是浅的，只消水的浮力将浮体的重量平衡了就行。

尽管“浮体高度（厚度）越大、吃水就越深”的说法是对的；可是，反过来说“浮体吃水越深、它的高度就越大”，却不一定对，因为浮体高度不是影响浮体吃水深度的惟一因素。一个浮体吃水浅，可能不是由于它的高度小，而是由于它比重小。因此，墨家又指出：当水对浮体的浮力与浮体的重量平衡了的时候，它吃水浅并不一定意味着它的高度小。

墨家关于浮力原理的这些论述，记载在公元前 5 世纪—前 4 世纪成书的《墨经》里。这些论述很有特点，它着重讲吃水深度，很可能是与造船密切相关的。

此后一二百年，古希腊叙拉古王国学者阿基米德，就把浮力原理讲得更加清楚了。

知识点

比 重

比重，也称相对密度，固体和液体的比重是该物质（完全密实状态）的密度与在标准大气压，3.98℃时纯水的密度（999.972 kg/m^3）的比值。气体的比重是指该气体的密度与标准大气压下空气密度的比值。液体或固体的比重说明了它们在另一种流体中是下沉还是漂浮。比重是无量纲量，即比重是无单位的值，一般情形下随温度、压力而变。

阿基米德巧辨假王冠

故事发生在 2000 多年以前的意大利南部西西里岛上。在这个岛上，有个叙拉古王国。叙拉古王国的国王，对自己统治着这样的一个富饶的国家，是非常得意的。

有一天，国王接见了一批来访的外国商人。在他面前，这些商人自然说了不少奉承的话。但是，却有一位年老的商人说他连一顶纯金的王冠都没有，笑话他的穿戴与他的身份不相称。对此，一贯好强的国王是很不服气的，他说："做一顶金制的王冠还不容易吗！请你过一个月再来，你就可以看到我头上戴着金制的王冠了。"外国商人走后，国王立即下令召来了一位手艺高超的金匠，交给他黄金，让他做一顶纯金的王冠，并限他一个月之内把做好的王冠送来。

期限到了。国王兴高采烈，召集全体文武大臣，准备迎接金王冠。鼓乐声中，工匠双手捧着一顶金光闪闪，精致美丽的王冠来到殿前。在场的文武百官对这顶王冠赞赏不已。国王更是喜形于色，也顾不得平日的尊严，急忙走下王座，接过王冠就戴上了。

国王非常喜欢这顶王冠，逢人就夸耀这顶王冠，有时还让周围的亲信细看。这些亲信接过王冠，心里就感到些奇怪。总觉得王冠不是纯金做的，心想："如果是纯金做的，为什么这么大的王冠，分量却不那么重？"

"可能只有表面是金子，里面掺假了。"

"对，一定是金匠要了花招。"

可是，他们谁也拿不出明显的证据，所以这个疑问谁也不敢对国王讲。但这些议论却在下面悄悄地传开了。不久，七嘴八舌的背后议论却被国王知道了。这下子可不得了，国王勃然大怒。如果王冠的确掺了假，就是那位金匠欺骗了国王；如果王冠是纯金的，那么散布"王冠是假货"的人就将成为破坏国王尊严的罪人。

于是，工匠被抓来了。国王劈头就骂："你这个贼，竟敢偷到我的头上来了。快说，你怎么敢在我的王冠上掺假？你把黄金偷到哪儿去了？"工匠申辩说："我的主呵，我怎么敢偷您的黄金呢？不信，请您将王冠称一称，肯定它的重量与我领到的黄金丝毫不差。"

王冠被放在秤上称了一下。果然，它的重量恰好是国王交给他的黄金的重量。这样一来，那些说过"王冠不是纯金做的，肯定掺了假"的人就要成为诋毁国王尊严的罪人了。因此，国王身边的人都惊恐不安。"不过，陛下，金匠也许把一部分黄金换了，而做成与原来一样重。""哦，也有可能。不过，你怎么知道呢？你是不是把王冠掰开看过里面呢？"国王这么一讲，谁也不敢再吭声了。

其实，这时候的国王也似乎感觉到王冠有点不那么沉甸甸的分量了。于是，在大臣的请求下，给大臣几天的时间，让他拿出证据来说明王冠到底是真还是假。

正值大臣苦于没有办法的时候，有人给他出了一个主意："我们去找阿基米德吧，也许他会有好办法的。”阿基米德是当时著名的科学家，他有过许多发明和创造，大家都非常尊重他。大臣觉得也只有求助于阿基米德，才有可能解决这个难题。于是，他们找到阿基米德，并把事情的经过跟阿基米德叙述了一遍，请他设法帮助查明王冠的秘密。

王冠到底是不是纯金做的？阿基米德觉得非常有趣。这个奥秘深深地吸引着他。他夜以继日地寻求着解决的办法。他想，要是王冠里面掺了假，可能是银或者铜。同样重的银或铜，其体积要比同样重的金的体积大。现在王冠的重量与纯金的重量一样，要是掺了假，体积一定要变大，可惜王冠的体积无法计算啊！因为王冠是不允许有丝毫的损伤的。这个问题弄得他饭吃不香，觉睡不好。家里的人看见他这样，便吩咐仆人硬陪着他上澡堂去洗个澡。

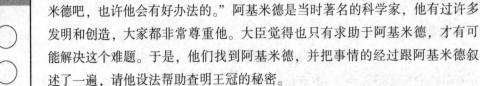

揭开王冠之谜的阿基米德

一路上，阿基米德也没有中断过思考。好不容易来到澡堂。在满池的热水前，他依然在思考着。

跨进浴池的时候，他突然注意到，当他在浴池里沉下去的时候，就有一部分水从浴池溢了出去。身体入水越深，溢出的水越多，当全身都入水后，水才停止外溢。同时，他感觉到自己的身体似乎轻了一些。这习以为常的现象，却使处于冥思苦想的阿基米德豁然开朗。他马上跳出浴池，浴池里的水也立刻浅下去。这时，他已经完全明白了：刚才澡盆里溢出去的那部分水的体积，不正是自己身体的体积吗！

他欣喜若狂，竟顾不上穿好衣服，就跑出了浴池，浑身湿淋淋地一面高喊着，一面往家里跑。回到家里，立即动手做实验。准备了重量相等的两块铜和银、两个同样大的盆，盆里都装满了水。然后，他把铜块和银块分别放进两个水盆里，发现放铜块的那个水盆溢出来的水多，而放银块的那个水盆所溢出来的水少。这样，阿基米德对检验王冠是否掺假这个难题便胸有成竹了。

阿基米德找到那位大臣，大臣领着他到王宫里见了国王，并对国王说："阿基米德是我国杰出的科学家，他有办法检验王冠是否掺假。"国王问阿基米德："你的办法能保证不损坏我的王冠吗？"阿基米德作了肯定的回答。

当着国王和大臣的面，阿基米德将重量相同的金块和王冠分别浸入装满水的盆子里，再将它们溢出来的水进行比较。结果发现，放王冠那个盆溢出来的水比放纯金盆溢出来的水多得多。阿基米德把王冠从水中取出来以后，清楚地告诉国王："王冠是掺假的。"国王和大臣们不懂得其中的道理，都以疑惑的眼光看着阿基米德。

阿基米德又要人取来两块相同重量的木块和铁球，并问周围的人："它们的体积哪个大？"

"当然木块大。"

"那么，把它们完全浸入水中，哪个排出的水多呢？"

"当然也是木块排出的水多。"

这时，大家才恍然大悟。明白了其中的道理：物体浸入水里，就要排出一部分水。如果物体完全浸入水里，它所排出的水的体积等于物体的体积。相同重量的一块金子和一块掺了假的金子，它们的体积是不一样的。因此，把它们分别浸入水里所溢出的水的体积也不一样。如果王冠是纯金做的，它的体积与相同重量的黄金的体积应该相等，它浸没在水里所溢出来的水的体积，应该与相同重量的金子所溢出来的水的体积相同。既然实验的结果是放王冠的那个盆所溢出的水比放金块那个盆所溢出的水多得多，王冠不是纯金做的这个结论便肯定无疑了。

王冠之谜终于被阿基米德所揭开，国王称赞了阿基米德。不用说，那个敢于捉弄国王的工匠受到了严厉的惩罚。

在我们今天看来，这个问题很简单：只要称出王冠的重量，再除以同体积的水的重量，就可以求得王冠的比重；而将王冠放进盛满水的盆里，量出或称出往外溢的水，就可以得到与王冠同体积的水的重量。这只不过等于做一个并不复杂的中学物理实验。可是，那时物理学可以说才露出一线曙光，进行这种首创性的工作又谈何容易呀！阿基米德为了测国王冠的比重而日思夜想，绞尽脑汁。阿基米德考虑采用测比重的方法。当时已知黄金的比重是19.3。要是测算出王冠的比重不是19.3，那就证明黄金里掺有其他的东西。

阿基米德揭开王冠之谜以后，继续对液体进行研究。发现物体浸入液体之后，受到一种向上的力的作用，这种力就是浮力。通过对浮力的研究，他总结出了著名的阿基米德定律。

知识点

阿基米德定律

阿基米德定律是力学的一条基本原理。浸在液体里的物体受到向上的浮力作用，浮力的大小等于被该物体排开的液体的重力。这条定律不但适用于液体，在气体中同样适用。

曹冲借浮力称大象的体重

据说，东汉末年，吴国孙权送给曹操一只大象，曹操十分高兴。大象运到许昌那天，曹操带领文武百官和小儿子曹冲，一同去看。距今一千七八百年前的时候，既没有动物园，也没有电影，所以东汉朝廷中的文武官员，从来都没有见过这种来自热带的庞然大物，因此十分惊奇。曹操也是如此。这大象又高又大，光说腿就有大殿的柱子那么粗，人走近去比一比，还够不到它的肚子。大概是出于好奇心的缘故，曹操很想知道这么大的一只大象，到底有多重呢？

要是现在的话，称一只大象的体重，那是没有困难的。只要让大象通过地磅，马上就可以知道大象的重量。可是，在那个时候，称重量用的是杆秤，要用它来称这么一只大象的重量，简直是不可思议的。怎么办呢？曹操邀请了他手下的谋士提供办法，又请教了一位有学问的老年人。结果也没有找到一个行之有效的办法来。

曹操对大家说："这只大象真是大，可是到底有多重呢？你们哪个有办法称它一称？"嘿！这么大个家伙，可怎么称呢！大臣们纷纷议论开了。

一个说："只有造一杆顶大顶大的秤来称。"

另一个说："这可要造多大的一杆秤呀！再说，大象是活的，也没办法称呀！我看只有把它宰了，切成块儿称。"

他的话刚说完，所有的人都哈哈大笑起来。大家说："你这个办法呀，真叫笨极啦！为了称称重量，就把大象活活地宰了，不可惜吗？"

大臣们想了许多办法，一个个都行不通。真叫人为难了。正当大家苦于没有办法的时候，曹操的小儿子曹冲出来了，他走到他父亲跟前，对曹操说："爸爸，我有个法儿，可以称大象。"

曹操一看，正是他最心爱的儿子曹冲，就笑着说："你小小年纪，有什么法子？你倒说说，看有没有道理。"

曹冲称象 1

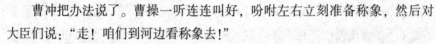

曹冲把办法说了。曹操一听连连叫好，吩咐左右立刻准备称象，然后对大臣们说："走！咱们到河边看称象去！"

听说曹冲能称出象的重量，文武百官都十分惊奇，人人都想知道曹冲到底用什么办法来称这只庞大动物的重量的。你猜他是怎么称的？

只见曹冲把大象赶到河边，曹操以及朝廷中的文武官员也都跟随曹操来到河边。河里停着一只大船，曹冲叫人把象牵到船上，等大象站稳之后，他便在船舷上齐水面的地方，刻了一条道道。再叫人把象牵到岸上来，把大大小小的石头，一块一块地往船上装，船身就一点儿一点儿往下沉。等船身沉到刚才刻的那条道道和水面一样齐了，曹冲就叫人停止装石头。

大臣们睁大了眼睛，起先还摸不清是怎么回事，看到这里不由得连声称赞："好办法！好办法！"现在谁都明白，只要把装在船头上的石头一筐一筐地用杆秤称出来，相加以后所得到的石头的重量，就等于大象的重量。

站在岸上观看的人无不称赞曹冲的智慧。曹操自然更加高兴了。他眯起眼睛看着儿子，又得意洋洋地望望大臣们，好像心里在说："你们还不如我的这个小儿子聪明呢！"

曹冲称象 2

你如果见过轮船的话，一定可以发现轮船上都画有吃水线，用它表明这艘轮船所能载重的最大限度。轮船装载货物时，只要观察水面距吃水线的高度，就可以判断所装货物的重量离最大载重限度的多少。你想，这个方法不是与曹冲称象的方法很类似吗？曹冲称象的方法，实际上是一种"化整为零"的方法。

文彦博巧借浮力取球

千百年以来，人们都在巧妙地利用着流体的浮力。

宋朝的时候，有位小朋友名叫文彦博。他聪明伶俐，遇事总爱动个脑筋，想办法，出主意。小朋友们都喜欢和他一起玩耍。有一天，文彦博和几个小朋友兴致勃勃地在庭院里玩小木球，圆圆的小木球被小伙伴们踢来踢去，一会儿滚到这，一会又蹦到那。突然，小木球不知被谁踢了一脚，滚进了一棵大树的窟窿里。这一下子，小朋友们都着急了。他们围到大窟窿的跟前，有个小朋友趴下去用手掏，可是树窟窿太深，摸也摸不到小木球；有位小朋友找来了小竹竿，捅进树窟窿，这一下子捅着了小木球，可是小木球不会沿着竹竿爬上来呀！小木球仍旧躺在那漆黑的窟窿里。小伙伴们手忙脚乱了一阵，无法拿出那只淘气的小木球。

这时，文彦博却没有慌，他盯着这个令人扫兴的大树窟窿，认真地想着。一会儿，文彦博高兴了，他对伙伴们说了声："跟我来。"就向家里跑去。这伙孩子们，跟文彦博从家里取来一只大水桶，用它从井里汲了满满一桶水，大家轮流抬着这桶水来到大树前，文彦博和小朋友们对准大树窟窿将水倒了进去。一桶清水倒光了，那只会"恶作剧"的小木球也浮上来了，这时小朋友们都快乐地笑开了。一会儿，庭院里又充满了孩子们踢小木球的欢笑声。

文彦博取球的方法，就是巧妙地利用了浮力。我们知道，小木球的比重比水轻，根据阿基米德定律，它浸在水中所受的浮力等于它排开水的重量，如果小木球完全浸没于水中，那么它所排开的水的体积就和小木球的体积相等，而水的比重比小木球的比重大，因此，水的浮力就比小木球的重量大，这样小木球就会向上浮。当然孩子们就能够取到小木球了。

木头的比重比水小，这种材料的球能够浮在水面上，是不是比重比水大的物质就绝不可能浮在水面上呢？想一想阿基米德定律，动一动脑筋，正确的答案就会得到了。只要将比重大于水的材料做成空心的形状，就可以使它浮在水面上！比方，一块钢板放在水中要沉入水底，但将这块钢板做成盒子，它就浮在水面上了。因为钢板做成了盒子，重量是不变的，但中间是空的了，钢板所围的空间增大。这样，盒子排开水的体积比钢板排开水的体积要大多了，那么盒子受到的浮力当然比钢板受到的浮力大，当浮力超过这个钢盒子的重量时，钢盒子便浮在水上了。一艘艘航行在海面上的轮船，都是利用钢板制成的，不正是根据这个道理。

怀丙和尚捞铁牛的故事

在我国古代巧用浮力原理的事例还多得很。与曹冲称象相似的，还有山西省永济县的铁牛搬家。

北宋时候（960 年—1127 年），山西河中府的黄河上，有一座浮桥。浮桥又叫舟桥，是用粗铁索将许多小船并排地连接而成的。这座桥是用四根大铁链把许多小船串连起来，再在铁链上架上木板搭成的。在浮桥两边的河岸上，各有四头大铁牛，每头都有几千千克重。把每根铁链的一头紧紧地拴在铁牛的身上。这样，浮桥既牢固，又稳当。

有一年夏天，黄河河水暴涨，把浮桥冲断了，连岸上的大铁牛，也被拖到水底下去了。这么一来，浮桥两边的人们，有事过不了河，很不方便，纷纷要求官府快一点把浮桥修好。可是要修好这座浮桥，并不是件容易的事。就拿拴浮桥的铁牛来说，一头铁牛有几千千克重，一下子怎么能铸造得出来？于是决定把原来的铁牛从水底下捞上来。可是黄河水那么深，又那么急，铁牛那么重，怎么个捞法呢？人们一时都想不出办法来。于是，官府贴了一张告示，要大家一起来出谋划策。

这时，一个和尚说“我来试试看，铁牛是被水冲走的，我还叫水把它们送回来”。和尚先请熟悉水性的人潜到水底，摸清了铁牛沉没的地方。他让人准备两只很大的木船，船舱里装满泥沙，慢慢地行驶到铁牛沉没的地方。船停稳了，他叫人把两只船并排拴得紧紧的，用结实的木料反搭个架子，跨在两只船上。又请熟悉水性的人带了很粗的绳子潜到水底，把绳子的一头牢牢地拴住铁牛，绳子的另一头绑在两只大船之间的架子上。

准备工作做好了，和尚请水手们一起动手，把船上的泥沙都铲到黄河里去。船里的泥沙慢慢地少了，船身慢慢地向上浮，拉住铁牛的绳子越绷越紧，靠着水把船向上托的浮力，铁牛从淤泥里一点一点地向上拔。

怀丙捞铁牛

船上的泥沙搬空了，铁牛也离开了河底。和尚让水手使劲划桨，两只大船终于把水里的铁牛拖回到岸边。和尚用同样的办法把一只一只大铁牛都拖了回来。

这个和尚就是怀丙。

现代打捞沉船也是利用浮力。办法是派潜水员下潜到沉船地点，清理现场，给沉船拴上好些个软浮筒；这些浮筒原来是瘪塌塌的，充气后胀大，产生浮力，将沉船拉上水面；最后用拖船将沉船拉回来。这与怀丙和尚打捞铁牛，真是异曲同工呢！

著名的马德堡实验

一说到气体，我们马上就会想到包围地球的厚厚的空气层。这层空气叫做大气。空气、水和阳光，使得地球上有了生命，形成了生机勃勃的自然界，才有了我们人类。大气对地球表面的物体既然有着不容忽视的压力，可是我们平时却为什么毫无感觉？

为了证实大气压力的存在，17 世纪中期有一个著名的实验，这就是马德堡半球实验。

1646 年，德国的科学界对大气是否有压力存在着分歧。有的认为有，有的则认为没有，争论不休。科学家葛利克当时正担任着马德堡市的市长，他认为大气存在着压力，并决心要用实验来证实。

起初，他将密封得很好的木桶中的空气抽走，结果木桶被大气“炸”了。接着，他又用薄铜片做了一个球壳，也将其中的空气抽去，结果这个薄球壳被大气压扁了。

1651 年，他用铜做了两个空心半球，直径约为 37 厘米。这两个半球做得既精密又非常坚固，当两个半球对好合起来的时候，没有缝隙，外面的空气透不进去，里面的空气也漏不出来，精密极了。当球内的空气没被抽出去的时候，球内外都有空气，压力平衡，这时的两个半球，想合就合，想分就分，毫不费劲；但是当球内的空气被抽出去后，由于球只受外面的大气压力，这时要使两个半球分开，却不那么容易了，要分开它们其用力之巨大，实在惊人。

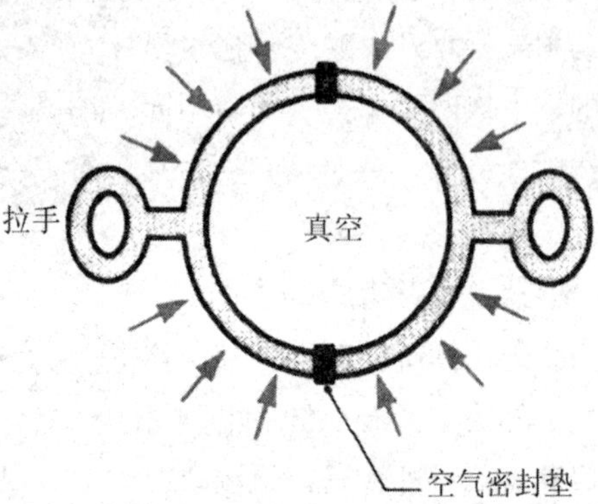

精密的马德堡半球

葛利克为此在他担任市长的马德堡做了一个公开的实验。由于当时尚未发明抽气机，因此，他在一个半球上装了一个活门，从这里可以接上抽气筒，把球里的空气抽出来。把活门关好，外面的空气不能进入球里，可以保持球里为真空，格利克在每个半球的拉环上拴了 8 匹马，叫它们向相反的方向拉两个半球，赶马人用鞭子驱赶着马，16 匹马拉得十分用力，然而两个半球仍旧紧紧地合在一起，没有拉开。拉呀，拉呀，突然“啪”的一声巨响，好像放炮一样，16 匹马终于把两个半球拉开了。你看，为了分开这两个半球，不是费了“九牛二虎之力”，而是费了“16 匹马之力”！

1654 年，葛利克又在勒根斯堡将这个实验在皇帝和廷臣面前进行表演，在场的人都非常惊异，不得不信服大气压力的存在。葛利克实验所用的金属半球，人们把它称为马德堡半球，葛利克所做的这个实验，就叫做马德堡实验。

马德堡半球实验

啤酒冒泡与气泡室的发明

原子核和电子等带电粒子非常小，例如原子核的直径只有 $10^{-13} \sim 10^{-12}$ 厘米，肉眼是看不见的。多少年来，科学家们一直在想方设法看到它们的踪迹。过去用一种“云室”去观察，但看不太清楚。

1952 年的一天，26 岁的物理学家格拉塞在紧张工作之余，打开了一瓶啤酒。啤酒冒出一串串气泡，他还在想刚才的实验，竟忘记了喝啤酒。过一会儿，气泡渐渐不冒了。格拉塞沉思起来，难道再也不能产生气泡吗？他将一粒沙子投进啤酒杯，只见沙子在下沉的过程中，沙子周围不断地产生着气泡。他又扔下一小撮沙子，这时啤酒就像沸腾了似的，产生出大量气泡。格拉塞从这个小小的实验得到了启发，竟做出了一项了不起的发明，这就是能清楚地看到电子径迹的气泡室。

啤酒的气泡究竟给了他什么启发呢？

原来，啤酒里的气泡，是在高压下溶在啤酒里的二氧化碳气体。平时，啤酒瓶盖子紧紧地盖住瓶口，使瓶内保持一定的压强，啤酒里的气体就不会冒出来。一旦打开瓶盖，压强减低了，溶在啤酒中的二氧化碳气体就从啤酒中逸出来，变成大量气泡上升。刚冒空气泡的啤酒，还处在不稳定状态，遇到沙子的扰动，就会继续产生气泡。

格拉塞回到实验室，把液态氢装在密闭的容器里，然后使容器内部突然减压，这时的液态氢就相当于冒过泡的啤酒，处在不稳定状态。这时，如有带电粒子射进液态氢，就在粒子经过的路径上发生“沸腾”，出现了一串串小气泡，这种情况就像在啤酒里扔下沙粒一样。啊，带电粒子终于留下了一条清晰的“足迹”，可以用高速摄影机拍摄下来。在这个基础上，格拉塞发明了气泡室，从而发现了一批介子和超子。气泡室的发明，为原子核物理学的研究提供了极大的方便。为了表彰发明者，格拉塞被授予1960年诺贝尔物理奖。少年朋友，你看，啤酒冒泡和往啤酒里投沙子本来是一个很简单的实验，可是在有心人的手中，却导致了一项重大发明！真是世上无难事，只怕有心人哪！

知识点

诺贝尔物理学奖

诺贝尔物理学奖是根据诺贝尔的遗嘱而设立的，是诺贝尔奖之一。诺贝尔奖是以瑞典著名化学家、硝化甘油炸药发明人阿尔弗雷德·贝恩哈德·诺贝尔的部分遗产作为基金创立的。

诺贝尔物理学奖旨在奖励那些对人类物理学领域里作出突出贡献的科学家。由瑞典皇家科学院颁发奖金，每年的奖项候选人由瑞典皇家自然科学院的瑞典或外国院士、诺贝尔物理和化学委员会的委员、曾被授予诺贝尔物理或化学奖金的科学家、在乌普萨拉、隆德、奥斯陆、哥本哈根、赫尔辛基大学、卡罗琳医学院和皇家技术学院永久或临时任职的物理和化学教授等科学家推荐。

为了“日心说”而奋斗

中世纪的欧洲，教会拥有极大的权力，教会的教义——圣经上写着，上帝创造了人类，同时为人类创造了一切。因此，人类以及人类生活的大地自然应居于宇宙的中心，而天上的诸星都应围绕地球这个宇宙中心而运行。

哥白尼却发表了“日心说”，他认为行星都是以太阳为中心而作圆周运动的，地球只不过是一颗普通的行星而已，它也围绕太阳运转。

“日心说”的发明者哥白尼

对于天空中行星运动的复杂性，哥白尼指出，这是由于地球有两种运动所导致的结果。地球的两种运动是：它一方面像其他行星一样绕太阳公转，一方面像陀螺一样自转。哥白尼还由地球从西向东不停自转说明了昼夜交替的现象以及星空的转移。我们知道，生活在地球上的人们，总是不自觉地以地球为参照物来观察星空，这样便看到所有天体沿地球自转的相反方向转动，这便是太阳东升西落以及星空转移现象的原因所在。

誓死捍卫真理的布鲁诺

另外，哥白尼还由地球绕太阳公转来说明我们所见到的太阳与诸星之间的移动。总之，哥白尼的“日心说”可以简单得多地说明天体运行的规律。

由于“日心说”建立在充分有力的论证中，同时由它的理论计算出来的行星位置比那混乱繁杂的“地心说”计算出来的行星位置要精确得多，因此，哥白尼的“日心说”一诞生，就显出它的无比威力。

哥白尼的“日心说”，不但正确地描述地球本身的运动，而且把地球从宇宙中心的宝座上拉了下来，把它降低到与其他行星一样的行列中，这一点，是尤其重要的。它与一直占据着统治地位的“地心说”有着根本的区别，与亚里士多德以来的传统观念根本对立，与教会的教义唱反调。“日心说”动摇了教会统治的基础，因此，“日心说”便被教会视为异端，面临着残酷的迫害。哥白尼的著作《天体运行论》出版以后，就被教会列为禁书。信奉“日心说”的人被教会列为信奉异端邪说的异教徒并加以迫害。

意大利的哲学家布鲁诺，不仅信仰哥白尼首创的“日心说”，而且使它获得飞快发展。他指出，宇宙是无限的。太阳并不是宇宙的中心，它只不过是众星之一。它只是太阳系的中心。并认为在其他星系中也会有行星运转，在它们上面也可能居住着有思想的生命。布鲁诺的这些见解，给人们展示了一幅令人神往的宇宙图像，直接违背了教会的教义。因此，教会把布鲁诺视为凶恶的敌人，并将他投入监狱，拷问达7年之久，妄图迫使布鲁诺改变自己的信仰和见解。然而，这一切却丝毫也动摇不了他的坚强信念。最后，教会将布鲁诺活活烧死。

备受酷刑的伽利略

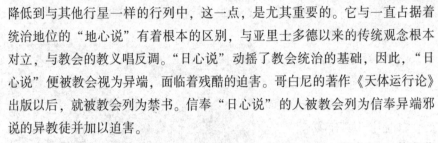

意大利的物理学家、天文学家伽利略，用自己制作的望远镜对天体运行进行了多次观察，证实地球确实绕太阳运转。尤其令人瞩目的是，他观测到木星周围有四颗卫星绕它转动，金星也存有类似月亮的盈亏现象，这些都为哥白尼的“日心说”提供了证据。为此，69岁的伽利略被教廷传讯，并施以酷刑。最后双目失明，于1642年含冤去世。

布鲁诺为捍卫真理而被教会活活烧死，伽利略也为此备受酷刑。然而，真理却并不是教会一把火所能烧毁的。相反地，“日心说”却由这些不畏强暴、不怕牺牲的人捍卫、继承下来，同时经过许多后来人的深入研究而得到补充，日益发展，并为人们普遍承认、普遍接受。1980 年，国际上还成立了一个审理委员会，专门为伽利略案件平反。

伽利略的比萨斜塔实验

1590 年，年仅 26 岁的伽利略在比萨斜塔上进行了落体实验。他特意邀请了一些大学教授来观看，许多人也闻讯前来围观。

只见伽利略身带两个铁球，一个重 45.4 千克（100 磅），一个重 0.454 千克（1 磅），像出征的战士一样，他威武地登上塔顶。当他向人们宣布，这一大一小的两个铁球同时下落，将会同时着地的时候，塔下面的人像开了锅似地议论开了："难道亚里士多德真错了？这是绝对不可能的！""这家伙准是疯了！……"

伽利略听到这些议论和讥笑，坦然自若，他胸有成竹地大声说："先生们，别忙着下结论，还是让事实出来说话吧！"说完，他伸开双手，使两个铁球同时从塔上落下来，只见它们平行下落，越落越快，最后"啪"的一声，同时落地。面对无可辩驳的实验事实，那些亚里士多德的忠实信徒，一个个瞠目结舌，不知所措，只好灰溜溜地走开了。比萨斜塔实验不但推翻了古代权威的错误学说，结束了它对学术界近 2 000 年的统治，而且开创了近代科学实验的新纪元。

今天，懂一点物理学的人都知道，轻重、大小不同的物体，从同一高度同时自由落下，要是没有空气阻力，它们必定同时着地。但是，在 16 世纪以前，人们都相信古希腊的权威亚里士多德的学说。他认为：物体下落的快慢是由物体的重量决定的，物体越重下落越快，比如 10 千克重的物体下落，要比 1 千克重的物体快 9 倍。在那个时候，教科书上是这样写的，大学教授也是这样讲的。

不过，还是有人怀疑，伽利略就是其中最著名的一位。他经过认真思考，反复实验，确认"物体越重，下落越快"的学说是错误的。要知道，当时在

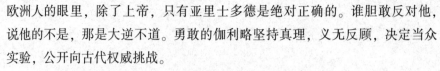

欧洲人的眼里，除了上帝，只有亚里士多德是绝对正确的。谁胆敢反对他，说他的不是，那是大逆不道。勇敢的伽利略坚持真理，义无反顾，决定当众实验，公开向古代权威挑战。

也许少年朋友会说，要是伽利略在斜塔上同时放下一个纸球和一个铁球，那么一定是铁球先落地。的确是这样的。当纸球还在空中飘荡的时候，铁球已着地了。这是不是亚里士多德的学说是正确的呢?

亚里士多德很可能正是从这类现象中得出结论的，但是他被假象迷惑了。事实上，物体在空气中下落，都要受到空气阻力。纸球轻，空气阻力的影响大，不可忽略；铁球重，空气阻力的影响小，可以忽略。如果在真空中进行纸球和铁球同时下落的实验，排除了空气阻力的影响，它们是一定会同时落地的。

萨尔维阿蒂的大船

经典物理学是从否定亚里士多德的时空观开始的。当时曾有过一场激烈的争论。赞成哥白尼学说的人主张地球在运动，维护亚里士多德—托勒密体系的人则主张地静说。地静派有一条反对地动说的强硬理由：如果地球是在高速地运动，为什么在地面上的人一点儿也感觉不出来呢? 这的确是不能回避的一个问题。

1632 年，伽利略出版了他的名著《关于托勒密和哥白尼两大世界体系的对话》。书中对那位地动派的“萨尔维阿蒂”问题给了一个彻底的回答。他说：“把你和一些朋友关在一条大船甲板下的主舱里，让你们带着几只苍蝇、蝴蝶和其他小飞虫，舱内放一只大水碗，其中有几条鱼。然后，挂上一个水瓶，让水一滴一滴地滴到下面的一个宽口罐里。船停着不动时，你留神观察，小虫都以等速向舱内各方向飞行，鱼向各个方向随便游动，水滴滴进下面的罐中，你把任何东西扔给你的朋友时，只要距离相等，向这一方向不必比另一方向用更多的力。你双脚齐跳，无论向哪个方向跳过的距离都相等。当你仔细地观察这些事情之后，再使船以任何速度前进，只要运动是匀速，也不忽左忽右地摆动，你将发现，所有上述现象丝毫没有变化。你也无法从其中任何一个现象来确定，船是在运动还是停着不动。即使船运动得相当快，在跳跃时，你将和以前一样，在船底板上跳过相同的距离，你跳向船尾也不会比跳向船头来得远。虽然你跳到空中时，脚下的船底板向着你跳的相反方向移动。你把不论什么东西扔给你的同伴时，不论他是在船头还是在船尾，只要你自己站在对面，你也并不需要用更多的力。水滴将像先前一样，滴进下面的罐子，一滴也不会滴向船尾。虽然水滴在空中时，船已行驶了许多里。鱼在水中游向水碗前部所用的力并不比游向水碗后部来得大；它们一样悠闲地游向放在水碗边缘任何地方的食饵。最后，蝴蝶和苍蝇继续随便地到处飞行。它们也绝不会向船尾集中，并不因为它们可能长时间留在空中，脱离开了船的运动，为赶上船的运动而显出累的样子。”

萨尔维阿蒂的大船道出了一条极为重要的真理，即从船中发生的任何一种现象，你是无法判断船究竟是在运动还是停着不动。现在称这个论断为伽利略相对性原理。

用现代的语言来说，萨尔维阿蒂的大船就是一种所谓惯性参考系。就是说，以不同的匀速运动着而又不忽左忽右摆动的船都是惯性参考系。在一个惯性系中能看到的种种现象，在另一个惯性参考系中必定也能无任何差别地看到。亦即，所有惯性参考系都是平权的、等价的。我们不可能判断哪个惯性参考系是处于绝对静止状态，哪一个又是绝对运动的。

伽利略相对性原理不仅从根本上否定了地静派对地动说的非难，而且也否定了绝对空间观念（至少在惯性运动范围内）。所以，在从经典力学到相对论的过渡中，许多经典力学的观念都要加以改变，惟独伽利略相对性原理却不仅不需要加以任何修正，而且成了狭义相对论的两条基本原理之一。

开普勒及其揭示的三定律

在哥白尼之后，丹麦有位著名的观测家，名叫第谷。他通晓哥白尼的学说，然而他却不赞成“日心说”。他对天体运行的规律提出了一种既不同于“地心说”又有别于“日心说”的方案，认为月亮、太阳绕着地球转，而行星围绕着太阳转。当然，这种方案是不正确的。但非常重要的是，第谷从事过长期的天文观测。他在丹麦的一座天文台进行过20多年的天文观测，这座天文台拥有当时最好的天文观测仪器，而这些仪器中有许多是第谷亲自设计的。第谷对诸行星的观测都是十分精确的，而每次观测都作了详详细细的观测记录。在20多年积累下来的大批观测记录。

第谷的几位助手中，有一位德国人，他的名字叫开普勒。在学生时代，开普勒便对数学和天文学有着浓厚的兴趣。由于发表过有利于哥白尼学说的见解，为此受到天主教徒的迫害，几经迁移，最后不得不迁住布拉格。也正因为这样，他才有机会当上第谷的助手。开普勒当第谷的助手时间不长，第谷便去世了。在以后的岁月里，开普勒更加勤奋地工作，他醉心于将行星的运行规律用某种数学形式表示出来。为此，他致力于研究他的老师第谷生前留下来的大量观测资料。

第 谷

哥白尼的行星轨道是正圆形的。这是因为当时的人们认为，圆周是最完善、最美的图形，同时从当时的观测结果来看，行星的轨道也几乎与正圆形没有什么差别。

根据第谷的资料，开普勒发现，哥白尼的圆形轨道只是近似的，而行星的实际轨道并不是以太阳为中心的正圆周。对此，开普勒进行了大量的分析与计算。他曾精细地采用各种各样的圆组合曲线，企图用此来说明行星的轨道。但无论如何组合，也不能与第谷的观测资料相符。而对于老师的观测记录，开普勒是深信不疑的。于是，他摒弃了完美的圆形轨道以及圆组合轨道

勤奋的开普勒

的设想，最后终于找到椭圆轨道这种形式作为行星运行的轨道。开普勒采用这种形式的轨道以后，计算的结果与观测的实际位置完全吻合。至此，他确定，行星轨道是椭圆形的而不是圆形的。他终于找到了哥白尼学说与实际情况偏差的根源。在这个基础上，开普勒总结出了行星运动的三个重要定律——著名的开普勒三定律：

第一，各行星都沿着各自的椭圆轨道运行，而太阳位于椭圆的一个焦点上。这些椭圆与圆周比较接近，当要求不十分精确时，可以把它们当成圆周；

第二，在行星运动中，行星与太阳之间的连线在任意相等的时间内扫过同样的面积。不难看出，行星靠近太阳时，速度快，远离太阳时，速度慢；

第三，各行星绕太阳公转一周的时间 T（称为周期）的平方跟轨道的平均半径 r（即太阳到行星的平均距离）的立方成正比。

用这些定律计算出来的行星位置，是十分准确的。至此，人们对各个行星是如何运动的这个问题就已得到比较满意的解决。这时摆在人们面前的问题已经变成：行星为什么按这三个定律运行？

苹果落地和万有引力

在丰收的苹果园里，压弯了枝头的苹果，个个满面红光，多么惹人喜爱。晚风徐徐吹来，只见它们张开笑脸，向人们频频点头，似乎是向辛勤培育它们成长的园丁致以谢意。熟透了的苹果，离开了枝头，告别了它的同伴，纵身一跳，落向地面，寻求它安身生息之地。

苹果落向地面，这是极为平凡的事情。但这平凡的事情中却包含着科学的奥秘。按照亚里士多德的观点，“沉重的”物体之所以落向地面，是由于地球是宇宙的中心，所有的物体都有趋心的倾向。而天上的日月星辰之所以不落向地面，则是由于“天上”与“地上”不同。从哥白尼到伽利略的时代，人们对亚里士多德的观点已发生了异议。人们已经意识到“天国”并不神秘。天体运行与地面物体的运动是可能受同一规律支配的。尤其是开普勒总结出行星运动的三大定律之后，人们寻求支配物体运动规律的这种愿望就更为迫切了。在人们这种热烈追求的情况下，牛顿开始对天体进行研究。

多思的牛顿

起先，牛顿非常注意那皓洁的明月。当时他已经知道，月亮是绕地球运转的，同时也知道月亮绕地球一周所需要的时间，知道月亮到地球之间的距离。根据这些数据，可以计算出月亮运动的加速度。他想，月亮所具有的这个加速度应该是受到某种力的作用。但是，受到什么力的作用呢？这个问题使他像着了迷似的，百思不得其解。

据说，有一天，牛顿躺在苹果树下正在沉思，突然，一颗熟透了的苹果从枝头上跌落下来，这个苹果开启了他想象的翅膀。从这个现象中，他得到了启发，产生了这样的一种观念：苹果与其他万物之所以落向地面，是因为地球对它们有吸引力的缘故。当时他想，月亮虽然与地球相隔 38 万千米之遥，仍然受到地球对苹果那样的吸引力，从而产生加速度。不过，月亮的加速度比起苹果落地的加速度却小得很多，这是为什么呢？他想到，如果苹果与月亮是受同种力作用的话，那么这种力就应该与距离有关。

想象的翅膀又把牛顿带到了星际空间，他想到，行星绕太阳运转，必然也有加速度，这个加速度是不是太阳对行星吸引的结果呢？而太阳对行星的这种吸引力，可能是与地球对苹果等物体的吸引力是同一种性质的力。

这些想法鼓舞着这位20来岁的大学生。他从开普勒三定律出发，应用数学作为推算的工具，终于得到了重大的发现。他肯定了地球对其他物体（包括月亮）的吸引力与太阳对行星的吸引力是同一种性质的力。而且这种吸引力存在于万物之间，所以称之为万有引力。他指出，万有引力与物体的质量、距离三者之间有如下的关系：两个物体之间的引力与它们各自的质量的乘积成正比，与它们之间的距离的平方成反比。这就是著名的万有引力定律。

按照万有引力定律，物体的质量越大，吸引其他物体的力越强；离这个物体越远，受这个物体的引力就越弱。在太阳系这个家族中，所有行星和小天体的质量统统加到一起，还不及太阳质量的七百分之一，因此，太阳的引力最强。这就使得在太阳系中，所有的行星都绕太阳这个中心旋转。按照万有引力定律，天体之间互相吸引的结果，它们运行的轨道只能是椭圆、抛物线、双曲线三种。行星的轨道正是按椭圆运行的，而有些彗星的轨道则是抛物线或双曲线的。牛顿的万有引力定律可以用来圆满地解释开普勒关于行星运动的三个定律。

至此，人们明白了，无论是天体的运行或地面物体落地都受同样规律的支配。这样，亚里士多德关于“天上”与“地上”不一样、物体运动原因不同的“理论”便彻底破产了。

更为有趣的是，用万有引力定律还准确地预见过尚未被发现的行星的存在。19世纪40年代，当时人们知道离太阳最远的行星是天王星。天文学者在观测中发现，天王星在绕太阳运行的过程中，有些不大遵守纪律，存在着偏离椭圆轨道的微小偏差。这是怎么回事呢？

英国天文学家亚当斯和法国天文学家勒维烈，他俩用万有引力定律，先后于1842年和1846年独立地预言过，这个偏差是由于天王星之外还存在有一个行星的缘故。勒维烈用万有引力定律精确地计算出这颗未知的行星将于何日何时在什么方位出现，并将这个预言写信告诉了柏林天文台。柏林天文台收到勒维烈的信的当天晚上，便在勒维烈所预言的方位上找到了这颗新的行星。人们将它命名为海王星。后来又发生了类似的过程，1913 年人们又发现了一颗比海王星更远的行星——冥王星。这些发现，使万有引力定律经受了实际的考验，使人们确信万有引力的存在。至此，太阳系这个家族的成员中，便增加了两大行星的名字，总共有九大行星。按照与太阳距离的顺序来排列，它们是：水星、金星、地球、火星、木星、土星、天王星、海王星、冥王星。

既然一切物体之间存在万有引力，那么我们怎么看不到两张桌子、两支铅笔吸引到一起呢？原来，地球的质量有 60 万亿亿吨，而桌子、铅笔等物体的质量才有多少？比起地球这个庞然大物来说，它们是微不足道的。根据万有引力定律知道，吸引力的大小与质量成正比，因此，地球上的其他物体不能互相吸引到一起，而地球的强大吸引力，却像一张无形的“天罗地网”，把所有的物体都牢牢地抓住。脱离枝头的苹果、扔出去的石块、从炮口飞出去的炮弹，都逃不脱地球的强大引力，最终还得落回地面。这就是说，物体落向地面并不是由于地球是宇宙中心，而是地球对这些物体存在万有引力的缘故。

爱动脑筋的同学们可能会想，为什么苹果落向地面，而地球却不落向苹果呢？是不是地球对苹果的吸引力大而苹果对地球的吸引力小呢？答案是否定的。两个物体之间的吸引力势均力敌，它们大小相等、方向相反。我们由牛顿第二定律便能知道，用同样大小的力去拉动质量不同的物体，质量小的容易起动而质量大的难，苹果的质量比起地球来说，有着天渊之别，因此，在同样大小吸引力的作用下，苹果便落向地面，而地球却稳如泰山。

牛顿的创见，解决问题范围之广以及与实际情况符合之准确程度，都是非常惊人的。它几乎解决了当时人们在物体机械运动研究上所有的问题，令人赞叹不已！而牛顿本人对于他自己的科学成就却是非常谦虚的，他从不忘记前人的功绩，也不认为自己的理论已包罗万象，不认为自己的理论包括了全部真理。20 世纪初，爱因斯坦创立的广义相对论，比起牛顿的理论来，又向前迈进了一大步。这正如牛顿所说：“有待探索的真理的海洋正展现在我的面前。”真理是无穷的！

知识点

九大行星

所谓太阳系“九大行星”是历史上流行的一种的说法，即水星、金星、地球、火星、木星、土星、天王星、海王星和冥王星。在2006年8月24日于布拉格举行的第26界国际天文联会中通过的第5号决议中，冥王星被划为矮行星，并命名为小行星134 340号，从太阳系9大行星中被除名。所以现在太阳系只有8颗行星。也就是说，从2006年8月24日11时起，太阳系只有8颗大行星，即：水星、金星、地球、火星、木星、土星、天王星和海王星。

九大行星

之所以修改行星的定义，是由于新的天文发现不断使“九大行星”的传统观念受到质疑。天文学家先后发现冥王星与太阳系其他行星的一些不同之处。冥王星所处的轨道在海王星之外，属于太阳系外围的柯伊伯带，这个区域一直是太阳系小行星和彗星诞生的地方。20世纪90年代以来，天文学家发现柯伊伯带有更多围绕太阳运行的大天体。比如，美国天文学家布朗发现的“2003UB313”，就是一个直径和质量都超过冥王星的天体。因此，从“九大行星”改为“八大行星”就不难理解了。

飞升高空的热气球

很久以前，人们只能在地面上活动，因此人们羡慕飞鸟，羡慕它们能在蔚蓝的天空中翱翔，阅尽人间春色。为此，人们做出了各种设想。有的制作了大的“羽翼”，但只能靠它滑翔，要“飞”上高空是不行的。有的人想到了升腾的热空气，他们认为若用一只口袋将热空气收集起来，这个热气口袋不就能随热气升起来了吗？如果将口袋做得足够大，下面系住篮子，人站在上面，那么，人不就跟着热气口袋上升，翱翔于蓝天之下，与鸟比翼了吗？有了设想，聪明的人们就会将它变为现实。

1783 年，法国的一个小村庄里，住着两位富于幻想和勇于实践的弟兄，他们的名字是若瑟夫·蒙特哥菲尔和埃青·蒙特哥菲尔。他俩用纸制作了一个直径大约 10 米的大口袋，准备将它做热气球，让它上天。

6 月的一天，哥俩发出了公开表演的布告。在当时，这是多么新鲜和不可捉摸的事呀，它吸引了大批的人群。作公开表演的那天，小村周围十来千米的人们一早就起来赶路，涌向这并不出名的村庄。人们看到，在村庄的一块

热气球

空地上，正烧着一堆半湿不干的破布和稻草，在这缓慢燃烧的火焰上方，有一个被绳子绑着的巨大纸袋。很快纸袋中充进了热空气，而且热气越来越多。一直到这个热气球需要 8 个人才能将它拽住。这时，将绑气球的绳子割断，这个热气球便腾空而起，为此，参观的人群欢呼雀跃。气球升至数百米的空中。

之后，随着里面热气的冷却，气球便逐步降落了。由于微风的影响，这个气球落到了离它升起处约 1 千米的地方。

这个气球的这次实验引起了各方面的注意，消息很快地传到了国王那里。国王下令，要蒙特哥菲尔兄弟在他的面前重复这个表演。按照这个旨意，蒙特哥菲尔哥俩于当年的 9 月 19 日，在巴黎的凡尔赛宫国王的花园里又升起了一个热气球。比起第一次来，这个气球做得更大，载着三位旅客：绵羊、鸡和鸭。当热气球中的热气逐步冷却，气球飘落在附近的田地里。正在地里劳动的一位农民，对这几位来自天上的“不速之客”感到非常恐惧，而这三位动物旅客却悠然自得。对此，蒙特哥菲尔兄弟俩非常高兴。因为，在这之前没人知道空中的空气是否适合呼吸？现在这三位动物旅客安然无恙地返回地面，答案就肯定无疑了。

动物能上天的事实，更激起了人们要上天的兴趣。一个月之后，一位勇敢的青年罗齐叶，坐在用长绳索牢固地连扎在地面的气球上，在离地面 30 多米高的空中逗留了 25 分钟。当他回到地面时，是那样兴奋，他告诉大家，在这次实验中，他尽情地欣赏了美丽的田园风光，确实心旷神怡。又过了一个月，罗齐叶和阿尔兰特开始第一次乘热气球在空中作自由飞行了。飞行前，朋友们纷纷前来和他们挥泪告别，似乎他们的自由飞行就会死亡。热气球载着两位勇敢的人上升到数百米的空中，随风飘越了整个巴黎，最后安全返回地面。迎接他们的，不再是朋友们的泪眼，而是欣喜和赞美……人类在空中飞行的愿望实现了！这个美好的愿望是伴随着热气球的诞生而实现的。

为什么热气球能升起而带人飞行呢？道理是这样的：这个载着人第一个升到空中自由飞行的气球，是利用热空气的比重小于冷空气比重这个条件，根据适用于气体的阿基米德定律制作的。整个气球体积做得很大，它整个“浸没”在流体——空气中，这时气球受到的浮力大小等于气球（包括吊篮）

的体积与冷空气比重的乘积，这就是气球所排开气体的重量；这个数值比气球的重量要大，因为热空气的比重比冷空气的比重要小。这样，热气球便在浮力的作用下升起来了。随着空中微风，热气球可以飘移。

类似这种气球，我国很早以前就曾用它作为军事上的信号。公元前 2 世纪，汉武帝用质地轻的材料做成薄壳灯笼，下面点燃蜡烛，使薄壳灯笼内充满热空气，这灯笼就腾空而起。这就是我国最早的“气球”，不需要羽翼，也不要机械的帮助，就能浮升在空中，而且自身很轻。所以体积越大，气球的载重能力就越大。由于气球具备这些其他飞行器无法相比的优点，所以直到发达的今天，人们也没有抛弃它。

人生的意义不是享乐而是探索，人上天的愿望不仅仅是为了欣赏自然风光。因此，气球并不只是作为人们旅行的飞行器而存在，它还被用在军事、科研等许多事业上。1871 年，法国有人利用热气球从空中拍下了巴黎的相片。这件事给人们很大的启发。第一次世界大战中，有的国家便利用气球从空中照相，侦察对方的军事布置和调动情况。气球不但可以载人，还可以用来观测。由于气球在大气高层姿态稳定，停留时间可长达数十小时，甚至于半年。让气球载上各种科学仪器，就可以得到一些高空大气层或是其他的科学情报。

据有关资料的记载，载人气球的高度，1966 年达到了 3.7 万多米；而无人气球的高度，1972 年则达到 5.1 万多米。近些年，国外有些人利用气球作穿越整个国家的飞行，还有人用气球作环球飞行呢！许多科学家还提出大胆的设想，将利用空气的浮力，建造巨型气球。在气球上面设有舒适的卧室、餐厅和俱乐部，以及各种科学实验室，让它飘浮在我们头上 30 千米的高空，使这个巨型气球成为一座空中的科学城。